郭利青 主编

油茶、板栗
丰产栽培技术

中原农民出版社

·郑州·

图书在版编目（CIP）数据

油茶、板栗丰产栽培技术 / 郭利青主编 . —郑州：中原农民出版社，2024.3
ISBN 978-7-5542-2924-8

Ⅰ.①油… Ⅱ.①郭… Ⅲ.①油茶–栽培技术②板栗–果树园艺Ⅳ.①S794.4②S664.2

中国国家版本馆CIP数据核字（2024）第036777号

油茶、板栗丰产栽培技术
YOUCHA BANLI FENGCHAN ZAIPEI JISHU

出 版 人：刘宏伟
责任编辑：卞 晗
责任校对：李秋娟
责任印制：孙 瑞
装帧设计：薛 莲

出版发行：中原农民出版社
　　　　　地址：河南自贸试验区郑州片区（郑东）祥盛街 27 号 7 层
　　　　　邮编：450016
　　　　　电话：0371 - 65788199（发行部）　0371 - 65788655（编辑部）
经　　销：全国新华书店
印　　刷：新乡市豫北印务有限公司
开　　本：710 mm×1010 mm　　　　　1/16
印　　张：8
字　　数：122 千字
版　　次：2024 年 3 月第 1 版
印　　次：2024 年 3 月第 1 次印刷
定　　价：35.00 元

如发现印装质量问题，影响阅读，请与印刷公司联系调换。

编委会

前言

油茶、板栗是豫南地区主要发展的经济林树种，它们以适应性强、产量稳定、经济价值高而深受群众喜爱，也是广大林农脱贫致富的重要经济来源。自 20 世纪 80 年代以来，豫南地区就把发展油茶和板栗作为农村经济支柱产业来抓。多年来，这些树种的推广使用及经济林产业的发展壮大为当地经济发展带来了有效支撑，但是也存在着许多问题，如品种良莠不齐、结构不合理，良种使用率低、低产林面积大、产品低端，与当前的市场需求和现代化集约经营要求有差距等，这些问题制约着豫南地区经济林产业的发展和生产水平的提高。为了助力乡村振兴，提升经济林产业发展水平，促进山区林农增收，信阳市罗山县林业技术推广站人员根据生产实践经验，参考有关资料，在近年来各地经济林科研成果的基础上，从豫南地区经济林发展树种中选出油茶和板栗，按照油茶篇和板栗篇两个部分分别将两个树种的发展、培育、低产林改造、园地管理、病虫害防治等内容编写成书。本书所呈现的内容大多是第一手资料，具体、直观、生动、准确，可供乡镇林场、国营苗圃等一线生产的干部、职工、广大林农在生产中应用。

在编写过程中，编者曾得到周边县（区）林业部门科技人员的指导，他们提出了很多宝贵意见，特此致谢！由于水平有限，书中缺点和错误之处恐难避免，敬请读者给予指正。

编者

2023 年 5 月 10 日

目录

第二篇
板栗篇

第一篇

油茶篇

　　油茶是我国传统木本油料树种，与油棕、油橄榄、椰子并称世界四大木本油料植物。油茶种子榨取的茶油是优质食用油，被誉为"东方橄榄油"，富含人体必需的多种微量元素，不饱和脂肪酸含量在 90% 以上，在所有植物油中居首位。茶油是深受群众喜爱的优质食用油，油茶种子榨取的茶油以油酸和亚油酸为主，耐贮藏，长期食用可降低血清胆固醇，有预防和治疗常见心血管疾病的作用。油茶的油脂可深加工成高级保健食用油和高级天然护肤化妆品等，茶枯饼可提取茶皂素、制作刨光粉和复合饲料，茶壳可提取糖醛、鞣料及制活性炭等。综合利用可大大提高油茶经济效益。

第一章

全国油茶概况

一、全国油茶分布情况

油茶主要分布在我国长江流域以南地区，包括长江流域及以南的 18 个省（区），湖南、江西和广西等是其主要产区。我国现有油茶种植总面积约 333 万公顷。

二、全国油茶发展情况

1. 政策优势

党的十八大以来，在相关部门的大力支持下，各级林草部门狠抓落实，主动作为，我国油茶产业发展取得了显著成效。近年来，国家出台了一系列政策，实施了《全国油茶产业发展规划（2009—2020 年）》《全国大宗油料作物生产发展规划（2016—2020 年）》，将油茶纳入国家食用油安全战略大局中统筹支持。国务院办公厅印发的《关于加快木本油料产业发展的意见》明确了重点发展油茶、核桃等 11 个木本油料树种，将油茶作为重要特色产业纳入乡村产业总体布局。《关于整合和统筹资金支持贫困地区油茶核桃等木本油料产业发展的指导意见》要求提升油茶发展质量，并鼓励发展核桃、油用牡丹、油橄榄等特色木本油料生产。

2. 全国油茶发展现状

全国油茶加工企业已超过 2 500 家，油茶专业合作社 5 400 多个，带动了 173 万贫困人口通过油茶产业增收。2019 年，各级财政累计投入油茶产业发展资金 27.8 亿元，社会资本投入油茶产业发展资金达 70 亿元。2019 年全国油茶产业总产值达到 1 160 亿元，是 2009 年 81 亿元的 14.3 倍。油茶种植面积达到 6 500 万亩，比 10 年前增加了 2 000 多万亩。良种苗木年生产能力从 5 000 万株增加到 8 亿株，良种使用率提高到 95% 以上。茶油年产量由 20 多万吨增长到 60 多万吨，茶油成为高端植物油的重要来源，在国产高端植物油中占比达到 80%。

3. 全国油茶发展优势及潜力

我国人多地少，粮油供需矛盾突出，优质食用油约 60% 依靠进口。而油茶作为我国南方最重要的食用植物油资源，具有明显的发展优势与潜力。一是适生范围广。作为油茶主产区，我国 18 个省（区）的低山、丘陵地区均可栽植，也适宜于复合经营，可以充分利用边际性土地来发展油茶，不与粮争地。二是茶油品质好。茶油含不饱和脂肪酸 90% 以上，还含有特定的生理活性物质，具有降低胆固醇、预防心血管疾病等功效，已被联合国粮食及农业组织列为重点推广的健康型食用植物油。三是经济价值高。2011 年茶籽销售价突破 12 000 元 / 吨，毛油价格高达 5 万元 / 吨，茶油副产品茶枯价格也达到 2 000 元 / 吨。此外，油茶生态功能强。油茶根系发达，枝叶繁茂，四季常绿，耐干旱耐瘠薄，是生态效益和经济效益兼备的优良树种，在南方红黄壤土地治理和退耕还林工程中广泛应用。因此，充分利用我国南方低丘、岗地和边际性土地，大力发展油茶产业，对于促进油料生产、缓解耕地压力、保障粮食安全、增加农民收入、保护环境等具有重要的意义。

第二章

信阳市油茶情况

一、信阳市油茶发展背景

信阳市是我国油茶分布的北部边缘地区，是油茶较为适宜的栽培区，早在450多年前，就有利用野生油茶果加工茶油食用的历史。2008年以前，信阳市全市23.83万亩老油茶林基本上是自然更新和直播造林，由于长期自然杂交，形成了众多的品种类型，其中优良品种类型占15%左右，产茶油5千克/亩左右。2009年以后，随着国家加大油茶产业投入力度的政策引导，一些地方发展油茶的积极性在逐步提高。为了鼓励油茶发展，新县、光山和商城等县整合涉农资金扶持油茶基地建设的优惠政策，吸引了一些民营企业投入发展油茶。2019年9月17日，习近平总书记在光山县槐店乡司马光油茶园考察调研。他强调利用荒山推广油茶种植，既促进了群众就近就业，带动了群众脱贫致富，又改善了生态环境，一举多得。要把农民组织起来，面向市场，推广"公司＋农户"模式，建立利益联动机制，让各方共同受益。要坚持走绿色发展的路子，推广新技术，发展深加工，把油茶业做优做大，努力实现经济发展、农民增收、生态良好。豫南地区各县区也从发展的目标、方向和模式践行习近平生态文明思想的方法论，因地制宜，高位推动，积极稳妥推进油茶产业高质量发展。

二、信阳市油茶发展基本情况

1. 油茶种植情况

信阳市油茶主要分布在新县、商城县、光山县、罗山县、浉河区以及固始县的山区和丘陵区，其中商城县、新县、光山县是国家油茶产业发展重点县。截至 2022 年年底，信阳市油茶种植面积为 98.29 万亩，占河南省油茶种植面积的 99.36%，其中 2008 年以前种植的老油茶林 34.73 万亩，2008 年以后新造油茶林 63.56 万亩；低产低效林 38.95 万亩，约占比 40%。

2. 油茶类型

信阳市油茶发展经历了从天然形成到人工集约种植的过程，形成了目前 4 种不同的林分类型。

一是原生态类型。主要是 1980 年以前天然形成的老油茶林，面积大约有 20 万亩，由于树龄长、品种老、树体大小不一，加之群众基本不管理，靠天收，目前产量较低，一般每亩产茶油不足 5 千克。

二是绿化生态类型。1980~2009 年，由乡村集体组织以绿化荒山为主要目的发展的油茶林，面积接近 15 万亩，这部分林由于出发点是以生态绿化为主，目前密度大，品种杂，缺乏集约经营管理措施，每年亩产茶油不足 10 千克。

三是集约经营类型。2009~2018 年，由专业合作社和企业大户引进优良品种、采取集约经营形成的油茶林，总面积 53.5 万亩左右。树龄在 6~8 年的林已经有了明显的效益，如光山县联兴油茶产业开发有限公司 2010 年前后种植的 1 万亩油茶，每亩产茶油 30~35 千克；新县的信阳万禾生态农业开发有限公司种植了 6 年油茶林，每亩产茶油 17.5 千克；光山县建宏中天农林发展有限公司 2012 年造的油茶林，每亩产茶油 25 千克。

四是优质高效发展类型。2019 年 9 月 17 日，习近平总书记考察调研光山县司马光油茶园以后，信阳市各油茶产区牢记总书记嘱托，采取优质高效的配套丰产措施，进一步加快油茶产业发展，2019~2021 年，新发展优质高效油茶面积 18 万亩。

3. 产值情况

2020 年信阳市茶籽产量为 38 770 吨（亩均产茶籽 40 千克），茶油产量为 9 350 吨（亩均产油茶 9.5 千克），产值 12 亿元（亩均产值 1 220 元）。信阳市现有规模油茶加工企业 9 家，其中新县 4 家、商城县 3 家、光山县 2 家，年生产加工茶油能力为 25 500 吨。

4. 品牌情况

信阳市现有油茶加工企业 20 余家，其中精制加工企业 8 家。商城县长园野生茶油有限公司年生产精制茶油能力 1 000 吨，获得 ISO 9001 认证证书；长园牌精制系列茶油通过了国家原产地标志注册，畅销北京、上海、郑州、武汉等地，实现年销售收入 1 800 多万元。新县山茶油 2019 年获得国家农产品地理标志和河南省农产品区域公用品牌认证。2020 年，信阳市被授予河南省特色农产品（油茶）优势区。

5. 油茶品种

2008 年以前，信阳市油茶基本上是自然更新和直播造林，由于长期自然杂交，形成了众多的品种类型，其中优良品种类型占 15% 左右。2009 年以后，信阳市每年油茶所用苗木均是从湖南、江西、安徽等地购买的和本地繁育的 1~2 年生油茶优良品种嫁接苗。油茶品种主要有长林系列的长林 3 号、长林 4 号、长林 18 号、长林 21 号、长林 23 号、长林 27 号、长林 40 号、长林 53 号、长林 55 号等，湘林系列的湘林 1 号、湘林 5 号、湘林 51 号、湘林 64 号、湘林 104、湘林 XLC15 号、湘林 XLJ14 号等，以及豫油茶 1 号、豫油茶 2 号。

第三章

油茶良种资源

一、全国油茶良种选育概况

20世纪60年代以来，全国开展了油茶良种选育的研究工作。目前，我国油茶的栽培品种是经过长期自然选择和人工选择培育出来的，主要有农家品种、优良无性系、优良家系和优良组合等。截至2011年，全国经审（认）定的油茶良种331个，其中国家林业局林木品种审定委员会审（认）定的70个，有关省（区）林木品种审定委员会审（认）定的261个。

根据果实成熟期，油茶可分为秋分籽、寒露籽、霜降籽和立冬籽4个品种群类型。以每个品种群类型为主体，又形成了很多栽培品种。品种是指在特定区域和条件下，具有比较一致的特性和相对一致的遗传基础，而且在生产上具有经济价值的群体。

二、信阳市油茶良种选育概况

信阳市油茶良种选育工作相对滞后，1980~1981年开展了油茶品种资源调查，初步摸清了油茶品种类型的家底，初选出4个优良品种类型（霜降籽的大红桃、红扁球、棕色薄皮皱嘴和寒露籽的黄桃）。1980年参加了全国油茶良种区域性试验，将全国各主要产区所选育出的12个油茶农家品种类型（如浙江红花油茶等），在商城县和新县建立了2个试验点。2002年以来，从湖南省林业科学院、中国林业科学研究院亚热带林业研究所等所引进油茶优良无性系几十个。2009~2010年，商城（7个）、新县（5个）、光山（3个）选育的豫油茶1~15号通过河南省林木品种审定委员会认定。

经国家林业局审批，信阳市建设 4 个良种基地，其中商城县 2 个，新县和南湾林场各 1 个。经河南省林业厅审批认定，光山县联兴油茶产业有限公司、新县林业局苗圃场、商城县苗圃场和商城县长园野生茶油有限公司为河南省油茶定点育苗单位，并在此基础上初步确定了光山县、新县和商城县 3 个油茶良种采穗圃。

三、河南省油茶良种繁育概况

2009 年以来，经河南省林业厅认定，河南省现有商城县苗圃场和新县林业局苗圃场等 6 家油茶定点育苗单位，新县、商城县和光山县各 2 家，每年培育芽苗砧嫁接苗在 600 万株以上。所育油茶良种主要是长林系列油茶良种和少量豫油茶 1~15 号。2009 年和 2010 年国家林业局和国家发展改革委员会批复建设油茶良种基地 4 个，已建成种质资源收集保存区（引种育种区）0.01 万亩、良种采穗圃 0.08 万亩、试验示范区 0.02 万亩和良种繁殖圃 0.02 万亩。

四、油茶良种繁育技术

油茶传统上多采用实生繁殖方式，但随着良种选育研究工作的不断提高和优良无性系的广泛应用，很多无性繁殖方式也在油茶生产中得到了改进和推广应用，现将几种主要方法介绍如下：

1. 油茶撕皮嵌接法

油茶撕皮嵌接法属枝接法的一种改进，适用于大树换冠，是一种先嫁接活再重断砧的技术，易于操作和恢复树势。在湖南、浙江、广东、福建、贵州等地广泛应用于采穗圃和丰产示范林的建设、种质资源的收集和观赏茶花大树的培育等，表现良好。

（1）砧木嫁接前管理　为了保证嫁接的成活率和接后生长良好，在嫁接当年的三月以前对林地进行挖垦一次，有条件的结合垦复追施一次氮肥，促使砧木生长旺盛。嫁接前根据嫁接的需要进行修剪，剪除病虫枝、枯枝、弱枝、过密枝等。

（2）接穗的采运和保存　接穗的好坏是影响嫁接成活率的重要因素之一，穗条应在通过鉴定的优良无性系上采取当年生的粗壮、腋芽饱满无病害的半木质化新梢，最好随采随接，如果要长途运输，应将采下的穗条整齐地捆扎好，在下端包上浸饱水的脱脂棉，装入纸箱内，以免挤压。在运输过程中要做到保湿，对一时接不完的穗条，可插放在阴凉处的沙床上，注意经常喷水，一般可保存7天左右。

（3）嫁接

1）削砧 在砧木的嫁接部位，先用布擦干净灰尘，然后用电工刀在树皮处剖成"门"字形，深达木质部，宽与接穗粗细相当，自上向下撕开皮部待接。

2）削穗 将穗条削成长2.5厘米左右、芽两端呈马耳形的短穗，去掉1/2~2/3的叶片，然后在接合面（芽的背面）自一端撕去皮部，宽约为接穗粗的1/4；因穗条远途运输或存放而撕不开皮部时，接合面也可以用嫁接刀削，削的深度一般为枝条周长的1/3左右。

3）嵌穗 将削好的接穗，嵌入撕开皮部的砧木槽内，再把撕开的砧木皮部覆盖在接穗的上面。

4）绑扎 嵌穗后，立即用塑料绑带进行绑扎。绑扎时注意在不伤接芽的前提下，尽量绑扎紧。

5）绑罩 为了保湿，绑扎后在接穗部位应加绑一个塑料罩，塑料罩呈灯笼状，严禁贴靠在接穗的叶片上，以免灼伤叶片。绑罩要严密，否则就起不到保湿的作用，影响成活率。

（4）嫁接后管理 嫁接后苗木生长的好坏和质量，与嫁接后的管理密切相关，主要注意以下几个方面：

1）剪砧 剪砧一般可分两次进行。第一次剪砧在接穗后40天左右，这时接穗与砧木已愈合，接芽膨大或已开始抽梢。剪口距接穗30厘米左右，在剪口下方尽量保留1~2个小枝。第二次剪砧在翌年春叶芽萌动前进行。一般剪口距接穗枝3~5厘米，长短视砧桩粗细而定，粗砧桩应留长些，细砧桩可以短一些，对砧桩较粗的（直径在3厘米以上），在剪口处仍应保留1~2个小枝，以免砧桩向下干枯。

2）解罩和解绑 第一次剪砧后10天左右，接枝一般抽生1~4厘米，接穗与砧木愈合得很牢，即可解罩。解罩最好选在阴天进行，或在晴天的早晚进行，主要是为了避免刚解罩的嫩芽受到烈日灼伤。剪砧和解罩后，接枝生长很快，为了不影响接枝的生长，9~10月要将绑带解除；对还没有抽梢的接芽，可在翌年春进行解绑。见图3-1。

图3-1 油茶的剪砧和解绑

3）除萌与扶绑 剪砧后，砧木上会不断地生长出一些萌条，应及时除掉这些萌条，否则不但影响接枝的生长，同时也会造成砧木的萌条与接枝混在一起，影响嫁接树的质量。除萌是一件经常性的工作，一直进行到嫁接两年后砧木不再出现萌芽枝为止。砧木嫁接的接枝生长很快，徒长严重，会形成头重脚轻的现象，易造成风折，对这些徒长枝应及时进行扶绑处理，避免风折。

4）虫害防治和林地管理 嫁接后，接枝幼嫩，很容易受金花虫、金龟子和象甲等危害，应注意及时进行药物防治。因油茶嫁接林都是优树，结实累累，对养分消耗很大，所以必须加强林地土壤的水肥管理，及时进行垦复、除草和追肥等工作，满足树体对养分的需求。

2. 芽苗砧嫁接法

中国林业科学研究院亚热带林业研究所于20世纪70年代研究成功的油茶芽苗砧嫁接方法，是采用油茶大粒种子经过沙藏促芽处理、种子发芽但尚未展叶前的幼芽作砧木，以当年生优树和优良无性系枝条作接穗的一种劈接法。经在湖南、江西和广西等油茶产区广泛应用和不断完善，成为目前油茶优良无性系小苗规模化繁育嫁接的较好方法之一。操作方法和步骤如下：

（1）砧木催芽

1）砧木种子的选择与贮藏 油茶果收摘回来后，在通风处堆放3~4天，待成熟后脱壳，筛选大粒饱满的种子在阴凉处稍风干，用清洁稍干的河沙将种子在室内分层贮藏（沙子与种子体积之比为1.5：1）。

2）沙床促芽　在2月底至3月上旬，把沙藏的种子筛出来，播在沙床上。促芽沙床必须选在排水良好（绝对不能积水）的平坦地面，在地面上先垫一层10~15厘米厚的清洁湿河沙，把种子均匀撒播在上面，种子尽量避免重叠，再盖上10厘米厚的湿河沙，用清水喷透沙床，然后盖上薄膜或稻草。沙床要保持湿润，如发现湿度不够，应及时喷水。当种根长到2~3厘米时，最好断根促芽，到5月中旬即可进行嫁接。

（2）圃地准备

1）圃地　可以选用土层深厚、肥沃的旱地，也可选用稻田，但必须是排水良好、水源灌溉方便的地方。

2）整床　对选用的圃地，要在上一年的冬天翻挖一次，在当年4月底施足基肥整好苗床；苗床要求宽1~1.2米。

3）架设荫棚　栽植油茶嫁接苗的圃地必须设有荫棚，荫棚要求高1.5~1.8米，遮阴度在70%~80%。

4）设置薄膜拱罩　在栽植芽砧苗并喷透水后，立即架设竹弓，覆盖薄膜，形成拱棚；拱棚的四周要封闭严密。

（3）嫁接和栽植

1）嫁接前用品准备　嫁接前首先要准备好牙膏皮，牙膏皮先剪成长1.5~2厘米、宽0.6~0.8厘米的小片，再卷成像筷子粗的筒状；也可采用麻绳或草茎做捆扎材料，嫁接成活后自然腐烂脱落，不污染圃地。其次准备好嫁接用的单面刀片、毛巾、盆、木板等用具。

2）接穗的采运和保存　见"油茶撕皮嵌接法"。

3）嫁接　5月中旬以后，优树当年生的春梢已停止生长，芽砧苗已长好，便可进行嫁接。操作程序如下：

起砧：在催芽的沙床内，用手轻轻挖起砧苗，再用清水将砧苗冲洗干净。起砧时要注意不能碰掉砧苗上的种子，不能碰断根部。

削穗：选用接枝上饱满的腋芽和顶芽，在叶芽两侧的下部0.5厘米处下刀，削成两个斜面（呈楔形），削面长0.8~1.0厘米，再在芽尖上部0.1~0.2厘米处切断形成一个接穗，接穗上的叶片可以全部保留，也可以削掉一半，最后将削好的接穗放在装有清水的盆内即可。

削砧：在砧苗子叶柄上 2~3 厘米处切断，对准中轴切下一刀，1.0~1.2 厘米深，砧苗根部保留 5 厘米左右，将多余的部分切除。

插穗和绑扎：把准备好的牙膏皮或卷成卷筒的麻绳套在削好的芽砧上，将接穗插入砧木的切口内，把牙膏皮或麻绳套筒提到接口处轻轻捏紧或缠紧即可，将接好的苗木放在阴凉处以备栽植，并用湿布盖好，避免日光照射。

栽植：将接好的苗木栽植到苗床内，株行距一般为 6 厘米 × 15 厘米，栽植深度以把苗砧上的种子刚埋入土内为度，然后将土压紧，用喷壶浇透水，最后在竹弓架上盖上薄膜，四周用土压紧密封。

（4）嫁接后苗圃管理

1）除萌　栽植后 30 天左右，接口开始愈合，同时砧木会长出一些萌芽枝，萌芽枝应及时剪除，否则会影响接苗的生长。

2）除草　在高湿高温的条件下，苗床杂草生长很快，应及时拔掉，以免影响苗木生长。除草和除萌可以结合进行。

3）喷水与追肥　嫁接苗床，既不能积水也不能缺水，如发现苗床缺水，应及时喷灌，注意油茶苗木只能喷灌不能漫灌，如果漫灌，苗木不仅生长不好，而且会成批死亡。在除萌除草时，每揭开一次薄膜都要喷一次水，喷水量根据苗床湿度而定。当嫁接苗生长到约 4 厘米时，可以追施沤制过的稀释人粪尿，或追施 0.2% 浓度的氮素化肥水，追肥可以结合喷灌进行。

4）解罩和拆除荫棚　9 月苗木根系已较发达，苗木也有一定高度，气温稍低，蒸发减少，这时可将薄膜棚罩两头揭开，过 2~3 天后再将薄膜全部揭掉。9 月中旬把荫棚拆除，有利于培育壮苗。第二年春，主要注意加强苗木肥水管理和病虫害的防治。

第四章

油茶采穗圃建设

一、采穗圃的概念、种类

采穗圃是优良苗木的繁殖基地。它既可以为建立优良无性系种子园提供优良接穗，也可以直接为大规模生产提供良种种条。在当前林业中，它和种子园一起构成良种繁殖的主要形式。

油茶采穗圃可按对建圃无性系遗传改良的水平分类。为尽快满足生产所需穗条而营建的采穗圃，称为普通采穗圃。如果通过鉴定，用再选择的优良遗传型或优良的品种而建立的采穗圃，则称为改良采穗圃或高级采穗圃。后者的改良水平及遗传品质高于前者。采穗圃的优点：种条产量高，能长期大量地供应建立优良无性系生产所需种条；种条生长健壮、粗细适中，嫁接成活率或发根率高；种条的遗传品质保持不变；采穗圃如设置在苗圃附近，忙时劳动力充足，采条后可避免种条长途运输，提高其成活率，节省劳动力。

二、采穗圃建立的方法

采穗圃宜选择气候适宜、土壤肥沃、交通方便、地势较平坦（或低缓山坡）、便于排水灌溉、光照条件较好、集中连片、管理方便的地方。如有条件可选择在技术力量较强的苗圃附近，便于采穗，随采随用，最大限度地提高扦插和嫁接成活率。

地址选定后，对圃地应精耕细作，因为这关系到苗木的成活率和种条的产量。由于采穗圃植株没有庞大的树冠，所以建园初期，在总体的安排上要比一般造林密些，并可间作豆类等绿肥，以抑制杂草生长，提高地力。随着树冠的长大，要采用间伐和修剪，避免过于郁闭，影响枝条发育和生长。油茶的初植密度一般为 110~120 株 / 亩。

定植时，可按品种或无性系成行或成块排列，同一种材料为一个小区。要详细记录，画好定植图，注明每个品种所在的位置和数量，最好挂上标牌方便采条和识别，免得混淆搞错。

三、采穗圃的管理

采穗圃的管理工作，包括深翻、施肥、中耕、除草、排水、灌溉及病虫害防治等，尤其要做好以下工作：

1. 促进发育期施肥

促进发育期施肥的时间一般是在栽植后到定干修枝期前。为促进采穗树发育，要求栽植穴直径 40~50 厘米、深 30~40 厘米，穴底施堆肥 1 千克。植苗后施肥，氮、磷、钾比例为 10∶6∶6，施用量随地力而异。如定植时扦插苗高 30~40 厘米，嫁接苗高 50~60 厘米，第一年生长量 50~80 厘米，第二年施肥，氮、磷、钾比例为 15∶8∶8，当年可长高 100 厘米左右。

2. 整形修枝期施肥

整形修枝期施肥一般是在第三年春天、截干前后进行。其目的是补充整形修枝中损失的营养，促进萌芽条发生，扩大树体，提高插穗的发根率。追肥以磷肥为主。春季每株施肥，氮、磷、钾比例为（3~4）∶10∶10。8 月中旬至 9 月上旬，每株施肥，氮、磷比例为（3~4）∶10。

3. 采穗期施肥

采穗期施肥的目的是补充采条和修枝的营养损失，提高发根率。为了防止土壤肥力减退，可适当施用有机肥，每株施氮 20 克、磷 10 克、钾 10 克来补充损失，8 月下旬至 9 月上旬再追施氮 7 克、磷 20 克；隔年每 1 000 米^2 施堆肥 1 800 千克。

采穗圃要建立各项技术档案，如采穗圃的基本情况，区划图，品种名称、来源和性状，采取的经营措施和苗木品质、产量的变化情况等。

4. 采穗圃的复壮

采穗母树随着年龄的增长，可能老化，使得穗条萌发能力减弱，穗条产量降低，所生产穗条质量下降，影响嫁接和扦插成活率，所以，通常要采用一些技术措施诱导老树复壮返幼和阻滞幼龄个体老化。油茶采穗圃最常用的方法是利用壮龄油茶树具有萌生不定芽的能力，通过断干的方式促使油茶树从树干基部萌生不定芽，重新形成新的树冠。

第五章

油茶配套栽培技术

油茶适应能力强，但必须要有相应配套的栽培技术这种特性才能得到充分发挥，否则不但难以达到增产丰收的目的，而且树体容易出现早衰退化现象。一些栽培技术上的农谚，如"冬挖金，夏挖银"说明冬、夏季节垦复有利于油茶生长；"七月干球，八月干油"则说明了水分对油茶果实的重要性。根据油茶的生物学特性，秋花翻供实，一年花果不离枝。所以，油茶栽培应重点做好以下两方面工作。

一、选择良种壮苗

目前生产上主要采用的良种是优良家系和优良无性系，还有少量的杂交子代。其中优良家系和杂交子代是 1 年生实生苗；优良无性系是芽苗砧嫁接 2 年生裸根苗。苗木规格达 II 级苗以上（1 年生嫁接苗苗高 7 厘米以上、地径 0.2 厘米以上，2 年生嫁接苗苗高 25 厘米以上、地径 0.4 厘米以上，根系完整，无病虫害）。根据形势的发展和造林技术要求，建议逐步推广容器嫁接苗造林，特别是 2 年生的大容器（10 厘米粗 ×18 厘米高）嫁接苗，有利于提高育苗效果和造林成活率。

二、做好造林规划

油茶既可房前屋后零星栽植，也可集中建园栽植进行集约化经营。建园时要进行林地规划，才能达到适地适树，充分发挥油茶的优良特性，达到高产稳产的目的。

1. 林地选择

根据油茶的适生性选择土层深厚、排水良好、pH 为 5.5~6.5 的阳坡山地建园。

2. 整地和密度设计

根据坡地的坡度进行全垦、带状和穴状整地：全垦和带状整地一般采用机械整地，穴状整地一般采用人工整地。其中，全垦整地适用于坡度小于 10° 的造林地，整地时由下至上挖垦，深度 30 厘米左右，并将土壤中杂草翻出。挖垦后按 50 厘米×50 厘米×50 厘米规格开穴；全垦后可沿等高线每隔 4~5 行开挖 30 厘米深的拦水沟。带状整地在坡度大于 10° 时，沿等高线挖水平带，以利水土保持；带面宽度据坡度而定，坡度 10°~15° 带面宽 2~25 米，坡度 15°~20° 带面宽 2~15 米，坡度 20° 以上的带面宽 1 米左右；挖垦后按 50 厘米×50 厘米×50 厘米规格开穴。在陡坡（23° 以上）或水土容易流失的地方，应进行穴状整地，规格一般为 50 厘米×50 厘米×50 厘米。然后根据坡度、土壤肥力、间种和抚育管理水平等情况设计相应密度，定植密度需根据坡度而定，适宜的行距为 3.0~3.5 厘米，株距为 2.0~2.5 米，也就是每亩为 76~110 株。

3. 施基肥

用腐熟的厩肥、堆肥和饼肥等有机肥作基肥，每穴施 2~10 千克，与回填表土充分拌匀，然后填满，待稍沉降后栽植。

4. 栽植与浇水

油茶栽植在冬季 11 月下旬到翌年春季的 3 月上旬均可，且以春季栽植较好。栽植宜选在雨前、阴天或晴天傍晚进行；下雨后土太湿，不宜栽植。栽植时将苗木根系自然舒展开，加土分层压实，嫁接苗的嫁接口与地面平，浇透水使根系与土壤紧密结合，做到根舒、苗正、土实。浇透水后，采用地膜覆盖，既可保墒又可抑制杂草生长。

第六章

油茶幼林管理

　　幼林期是指从定植后到进入盛果前期的阶段，油茶嫁接苗的幼林期一般为6~9年。此时期的管理目标是促使树冠迅速扩展，培养良好的树体结构，促进树体养分积累，为油茶进入盛果期打下基础。幼林期前3年的管理特别重要。近几年油茶的新造林，由于抚育管理不到位、天气干旱和苗木品质不高等原因，造林成活率普遍不高，多次补植后，有的造林仍然失败了，打击了林农对发展油茶的积极性。

一、施肥措施

　　幼树期以营养生长为主，施肥以氮、磷、钾肥为主，主攻春、夏、秋三次梢，根据树龄施肥，并逐年提高。

　　定植当年通常可以不施肥，有条件的可在6~7月树苗恢复后适当浇些稀薄的人粪尿或每株施25~50克专用肥。从第二年起，3月新梢萌动前半月左右施入速效氮肥，11月上旬则以土杂肥或粪肥作为越冬肥，每株5~10千克。随着树体的增长，施肥量逐年递增。

二、抚育管理措施

　　与一般果园一样，油茶也怕渍水和干旱，所以雨季要注意排水，夏秋干旱时应及时灌水。夏季旱季来临前中耕除草一次，并将铲下的草皮覆于树蔸周围的地表，给树基培蔸，用以减轻地表高温灼伤和旱害；冬季结合施肥进行有限的垦复。林地土壤条件较好的要以绿肥或豆科植物为主进行合理间种，实行以耕代抚，还能增加收入。

　　油茶幼树由于抽梢量大，组织幼嫩，易受冻害，因而在林地规划时要避免在低洼凹地建园，冬天冷气流频繁的地方应适当营造防风林带，平时做好施肥和病虫害防治工作以加强树势，11月施足保暖越冬肥，还可根据枝梢生长情况在10~11月叶面喷施0.2%的磷酸二氢钾溶液提高新梢木质化程度，有利越冬。

三、树型培育

　　油茶定植后，在距接口30~50厘米处定干，适当保留主干，第一年在20~30厘米处选留3~4个生长强壮、方位合理的侧枝培养为主枝。第二年再在每个主枝上保留2~3个强壮分枝作为副主枝。第三年至第四年，在继续培养正副主枝的基础上，将其上的强壮春梢培养为侧枝群，并使三者之间比例合理，均匀分布。见图6-1。

图6-1　油茶树型培育

　　油茶在树体内条件适宜时，具有内膛结果习性，但要注意在树冠内多保留枝组以培养树冠紧凑、树形开张的丰产树型。要注意摘心，控制枝梢徒长，并及时剪除扰乱树形的徒长枝、病虫枝、重叠枝和枯枝等。

　　幼树前3年须摘掉花蕾，不能使其挂果，以维持树体营养生长，加快树冠成形。

第七章

油茶成林管理

良种油茶进入盛果期一般为 8~10 年，经济收益期限长 30~50 年。在盛果期内，每年结大量的果实，需消耗大量的营养成分，所以成林管理的主要工作是加强林地土、肥、水管理，恢复树势，防治病虫等。

一、土壤改良

为了促进土壤熟化，改良土壤理化性状，满足树体对养分的需求，改善油茶根系环境，扩大根系分布和吸收范围，提高其抗旱、抗冻能力，保持丰产稳产，须隔年对土壤进行深翻改土（一般在 3~4 月或 11 月结合施肥时进行）。一般在树冠投影外侧深翻 30~60 厘米，为避免伤根也可分年度对角轮换进行，2~3 年为一个周期，深翻时要注意保护粗根。

二、施肥技术

据研究，油茶林每抽发 100 千克枝叶，需氮素 0.9 千克，磷素 0.22 千克，钾素 0.28 千克；每生产 100 千克鲜果需氮素 11.1 千克，磷素 0.85 千克，钾素 3.4 千克；每生产 100 千克茶油（1 430 千克鲜果）需从土壤中吸收氮素 158.7 千克，磷素 12.0 千克，钾素 48.6 千克。盛果期为了适应树体营养生长和大量结实的需要，氮、磷、钾要合理配比，一般氮：五氧化二磷：氧化钾为 10：6：8。每年每株施速效肥总量 1~2 千克，有机肥 15~20 千克。增施有机肥不但能有效改良土壤理化特性、培肥地力，增加土壤微生物数量，延长化肥肥效，而且还能提高果实含油量。见图 7-1。

在施追肥的基础上，还可根据市场行情、土壤条件和树体挂果量适当叶面喷施一些对促花保果、调节树势、提高抗逆性有帮助的微量元素、磷酸二氢钾、尿素和各种生长调节剂等，这些叶面肥用量少、作用快，宜于早晨或傍晚进行，着重喷施叶子背面效果更好。

图 7-1　油茶施肥

三、灌溉技术

油茶大量挂果时会消耗大量水分，俗话说"七月干球，八月干油"。7~9月正是果实膨大和油脂转化时期，但长江流域一般夏秋较干旱，所以此时要注意灌溉，见图 7-2。当油茶春梢叶片细胞浓度 ≥ 19% 时，或土壤平均含水量 ≤ 18.2% 时，或田间持水量 ≤ 65% 时，油茶已达到生理缺水的临界点，这时合理增加灌水可增产 30% 以上；如果叶片细胞浓度为 25%~28% 时，叶片就会凋萎脱落。但在春天雨季时又要注意水涝。

图 7-2　油茶灌溉浇水

四、修剪技术

油茶修剪（图7-3）多在采果后和春季萌动前进行。油茶成年树多以抽发春梢为主，夏秋梢较少，果梢矛盾不突出。春梢是结果枝的主要来源，要尽量保留，一般只将位置不适当的徒长枝、重叠交叉枝和病虫枝等疏去，尽量保留内膛结果枝。

油茶挂果数年后，一些枝组有衰老的倾向，且易于感病，应及时进行回缩修剪或从基部全部剪去，在旁边再另外选择适当部位的强壮枝进行培养补充，保持营养生长和生殖生长的平衡。对于过分郁闭的树形，应剪除少量枝径为2~4厘米的直立大枝，开好"天窗"，提高内膛结果能力。通过合理修剪可使产量增长30%以上，枝感病率降低70%。

图7-3 油茶修剪

第八章

油茶病虫害及防治措施

据调查，我国危害油茶的病虫害很多，虫害有 300 多种，病害有 50 多种。

一、油茶病害

1. 油茶炭疽病

（1）**分布与危害** 油茶炭疽病在我国油茶产区普遍发生，主要发生于陕西、河南及长江以南各油茶产区。信阳市浉河区、商城县、新县、光山县、罗山县、固始县都曾发生过。主要危害油茶等树，引起落果、病蕾和枝干枯死、树干溃疡，此外，还危害叶片、叶芽，造成落叶、落芽。一般可使油茶果损失 20%，高的达 40% 以上，晚期病果虽可采收，但种子含量仅为健康种子的一半。

（2）**症状** 油茶炭疽病发病的明显特征是以果实发病为主，其病斑为黑褐色，病斑中央小黑点排列呈明显的或不明显的同心轮纹（即病原分生孢子盘），在湿度大时出现淡红色菌脓。这些症状可区别于其他的病菌。

油茶以果实受害最重。初期果皮出现褐色小点，后逐渐扩大成黑褐色圆形病斑，发生严重时全果变黑。后期病斑凹陷，出现多个轮生的小黑点，为病菌的分生孢子盘，在雨后或露水浸润后，产生粉红色的分生孢子堆。接近成熟期的果实，病斑容易开裂。

油茶梢部病斑多发生在新梢基部，呈椭圆形或梭形，略下陷，边缘淡红色，后期呈黑褐色，中部带灰色，有黑色小点及纵向裂纹。叶片受害时，病斑常于叶尖或叶缘处发生，呈半圆形或不规则形，黑褐色或黄褐色，边缘紫红色，后期呈灰白色，内有轮生小黑点，使病斑呈波纹状。

花蕾病斑多在基部鳞片上，呈不规则形，黑褐色或黄褐色，后期灰白色，上有小黑点。

（3）病原 油茶炭疽病病原菌无性阶段是真菌中的半知菌亚门腔孢纲黑盘孢目黑盘孢科的胶孢炭疽菌。分生孢子梗聚集成盘状，其中混生数根茶褐至暗褐色的刚毛。分生孢子无色，单细胞，长椭圆形，直或微弯，内有很多颗粒物质和1~2个油球。有性阶段为围小丛壳菌，属子囊菌亚门核菌纲球壳菌目疗座霉科的一种真菌。子囊腔球形或洋梨形，有嘴孔，黑褐色。子囊棍棒形，内生子囊孢子8个。子囊孢子单细胞，纺锤形，稍弯，无色。

（4）发病规律

1）越冬方式 病原菌主要以菌丝在油茶树各受害部位越冬，翌年春季温、湿度适合时，产生分生孢子。

2）传播途径 翌年春季，该病原的分生孢子或子囊孢子借助风雨传播到新梢、嫩叶上，再侵染果实等器官。病害终年都有发生，油茶各器官在一年中的被害顺序是：先嫩叶、嫩梢，接着是果实，然后是花芽、叶芽。

3）环境影响 天气因子的变化与病害的发展有着密切的关系，其中以温度为主导因子，湿度起着促使病害发展的作用。初始发病温度为18~20℃，最适温度为27~29℃；夏秋季间降水量大，空气湿度高，病害蔓延迅速。油茶林立地条件与病害的发生也有关系，阳坡、山脊和林缘的比阴坡、山窝和林内的发病重；土壤瘠薄和冲刷严重的茶山上发病也重。果实炭疽病一般发生于5月初，7~9月为发病盛期，并引起严重的落果现象，9~10月病菌危害花蕾。

4）品种抗性 不同油茶品种和单株抗病性不同，一般小叶油茶和攸县油茶的抗病性大于一般油茶，普通油茶中"寒露籽"的大于"霜降籽"的，紫红果和小果的大于黄皮果和大果的。

（5）防控措施

1）营林措施 ①选育抗病良种是防治油茶炭疽病的根本措施。如在病害流行地区，往往有一些特别抗病的单株，可通过对这些抗病单株的选择和繁殖，育成抗病的品系。②加强油茶林抚育管理，采用合理的造林密度，保证油茶林通风透光；追施有机肥和磷、钾肥，氮肥用量不宜过大。

2）物理防治　①冬春季节，结合油茶林的垦复和修剪，清除病枝、病叶、枯梢病蕾及病果，将携带病原的枝条、叶子、病果、病株等运到林外进行烧毁处理，以减少病菌的重复侵染。对于林内的老病株，也应挖除补植，以免病菌扩散蔓延。此外，在果病初期，应及时摘除病果。②播种前要用50%退菌特可湿性粉剂1 000倍液浸种24小时。

3）化学防治　病区进行药剂防治，收果后和幼果开始膨大时可喷洒50%多菌灵可湿性粉剂500倍液。在早春新梢生长后，喷洒1%波尔多液，保护新梢、新叶。在发病初期，用50%硫菌灵可湿性粉剂500~800倍液或10%吡唑醚菌酯500倍液或25%醚菌酯悬浮剂800倍液进行喷雾。在果实发病高峰期前（约6月底）开始喷洒50%多菌灵可湿性粉剂500倍液，每10天喷1次，连喷4次；或用1：1：100波尔多液和1%~2%茶枯水，每15天喷1次，连喷3次。

2. 油茶软腐病

油茶软腐病又称油茶落叶病、叶枯病，是危害油茶的主要病害。

（1）分布与危害　油茶软腐病在我国亚热带地区均有不同程度发生。信阳市浉河区、罗山县、光山县、新县、商城县、固始县均有分布，寄主植物有油茶、油桐、小果蔷薇等植物。油茶软腐病主要危害叶片和果实，也能侵害幼芽嫩梢，引起软腐和落叶、落果。发生严重时，受害油茶树叶片、果实大量脱落，严重影响油茶树生长和结果。油茶软腐病在成林中常块状发生，单株受害严重。油茶软腐病对油茶苗木的危害尤为严重，在病害暴发季节，往往几天内成片苗木感病，引起大量落叶，严重时病株率达100%，严重受害的苗木会整株叶片落光而枯死。

（2）症状　油茶软腐病初期，叶尖、叶缘或叶中部出现黄色斑点，后扩大为黄褐色或黑褐色圆形或半圆形病斑。雨天病斑扩展迅速，叶肉腐烂，仅剩表皮，呈典型的"软腐型"，病叶脱落。秋天病叶扩展慢，病斑中心呈淡至深褐色，外围有几道紫褐色细线隆起的轮纹，呈"枯斑"，与油茶炭疽病病斑相似，这种病叶不脱落，留在树上越冬。后期，病斑上生出多数近白色或淡黄色小颗粒，为病菌的分生孢子座，呈蘑菇状，称为蘑菇菌体。感病果实病斑同病叶，与油茶果实患炭疽病病斑相似，但色泽较浅，病变组织腐烂，病斑呈不规则开裂。病果易脱落。病果上也有蘑菇菌体。幼芽嫩梢受害后，变淡黄褐色而逐渐枯萎。

（3）病原　油茶软腐病病原菌无性阶段是真菌门半知菌亚门丝孢纲丛梗孢目的油茶伞座孢菌。病菌虽能产生分孢子，但主要靠蘑菇菌体进行侵染。在通风、湿润、干湿交替气候条件下，病斑上可产生小蘑菇形分生孢子座，半球形，有短柄，近白色到淡灰色，容易脱落传播，具有很强的侵染力。在高湿不通风气候条件下，病斑上常形成无柄的非蘑菇形分生孢子座，黑色，不易脱落，没有侵染力。

（4）发病规律

1）越冬方式　病原菌以菌丝体和未发育成熟的蘑菇形分生孢子座在病叶、病果和病芽内越冬。

2）传播途径　在自然状态下，病菌借助风雨近距离传播，运输是病菌远距离传播的主要途径。该病菌从寄主表皮直接侵入或由自然孔口侵入。

3）环境影响　翌年春季气温达到13℃、相对湿度达到85%时开始发病，4~6月为发病盛期；在多雨年份，10~11月可能出现第二个发病高峰、一般是树丛下部叶片，特别是根际萌条上的嫩叶先发病。果实于6月开始发病，气温低于10℃或高于35℃、相对湿度低于75%时，发病轻或不发病；雨天发病重；密林或潮湿地段发病重；排水不良、杂草丛生的圃地上苗木发病严重；山凹洼地、缓坡低地、油茶密度大的林分发病比较严重；管理粗放，萌芽枝、脚枝丛生的林分发病比较严重。

（5）防控措施

1）检疫措施　在新的油茶种植区，加强检疫，避免从病区调入种苗或接穗，避免带病种子调入。

2）营林措施　加强培育管理，提高油茶林的抗病能力。改造过密林分，适度整枝修剪，去病留健，去劣留优，既是增产措施，也是防病措施。

3）物理防治　冬季结合油茶林垦复，清除树上或地面的病叶、病果和病枯梢。将病叶、病果和病枯梢集中烧毁，消灭越冬病菌，减少翌年侵染源。

4）化学防治　研究表明，波尔多液、多菌灵、退菌特、甲基硫菌灵等药剂均有较好的防治效果。根据油茶软腐病的发生规律，应注意选择附着力强、耐雨水冲刷、药效持续期长的药剂。1∶1∶100等量式波尔多液，晴天喷药后附着力强，耐雨水冲刷，药效期能持续 20 天以上，防效为 84.4%~97.7%，是目前较理想的药剂。也可用 10% 吡唑醚菌酯 500 倍液或 25% 嘧菌酯悬浮剂 800 液进行喷洒。第一次喷药在春梢展叶后进行，以保护春梢叶片。雨水多、病情重的林分，5 月中旬到 6 月中旬再喷 1~2 次，间隔期 20~25 天。发病时，喷洒 50% 多菌灵可湿性粉剂 100~300 倍液或 50% 退菌特可湿性粉剂 800~1 000 倍液，速喷 2~3 次，每次间隔 10~15 天。见图 8-1。

图 8-1　油茶病虫害防治——打药

3. 油茶肿瘤病

（1）分布与危害　油茶肿瘤病在我国各油茶产区均有发生，河南省主要分布于信阳市浉河区、罗山县、光山县、新县、商城县、固始县等油茶产区。寄主植物为油茶、茶树，被害树枝干上形成数量不等、大小不一的肿瘤，影响寄主正常生长，甚至导致寄主枯死，严重影响油茶或茶叶产量。

（2）症状　油茶肿瘤病在油茶树枝、树干上形成几十上百个大小不等的肿瘤，轻者导致树势生长缓慢，严重者引起受害枝干上的叶片萎蔫、枯死，受害植株显著减产甚至绝收。油茶肿瘤着生在油茶的树干或枝条上，大小不一，形态多样，一般 2~10 厘米，有的表面粗糙开裂，有的掰开呈碎粒状。

（3）病原　引起油茶肿瘤病的原因在不同地区、不同林分不尽相同。有的是寄生性种子植物所致，有的可能与茶吉丁虫、蓝翅重突天牛等昆虫危害有关，有的可能由根癌菌引起，有的可能由一些生理因素引起。目前，国内对油茶肿瘤病的发病机制研究尚少，缺乏较系统的研究，对导致其发病的病原还无较准确的结论。

（4）发病规律 油茶幼树、老树都可发病，以老油茶林发病较多。病害多数零星分布，有时呈团状分布，很少成片发生。但发病植株一般都比较严重，尤其是荫蔽、湿度大、荒芜的林分发病严重。

（5）防控措施 根据不同的发病原因采取相应的防治措施。

寄生性种子植物危害造成的，应彻底清除油茶林中的寄生性种子植物及受害枝条，集中烧毁。清除工作需在寄生性种子植物的果实成熟前进行。

昆虫引起的，应及时防治害虫，可在害虫的成虫发育盛期喷洒90%敌百虫晶体1000倍液；及时从肿瘤下方剪除被害枝条，并集中烧毁。

生理因素引起的，应加强抚育管理，及时进行修剪，剪除被害枝条；在主干、根茎部涂白涂剂（白涂剂用生石灰10千克、硫黄粉1千克、食盐0.2千克、动物油0.2千克、水40千克调配而成）进行预防。

发病严重的植株，多数失去经济价值，恢复比较困难，可将其整株挖除后补植。

4. 油茶烟煤病

（1）分布与危害 烟煤病是油茶重要病害，产区均有发生。被害油茶轻则影响产量，重则颗粒无收，严重的整株树死亡。烟煤病危害叶和嫩枝。

（2）症状 病初叶出现黑色霉点，然后霉点增多或沿叶脉生长，严重时叶及小枝形成一层黑色烟煤状物质，手摸后染上黑烟煤色，阻碍油茶叶光合作用。

（3）防治方法 烟煤病多发生在阴湿的环境，油茶林过密要修剪疏伐，使林内通风透光。及时防治蚜虫和介壳虫是防治本病的重要措施。油茶林发生烟煤病后，夏季用0.3波美度石硫合剂喷洒，冬季用3波美度，春、秋季各用1波美度。

二、油茶虫害

能造成经济损失的油茶害虫主要有油茶尺蠖、茶毒蛾和油茶枯叶蛾等。

油茶害虫的防治多采用综合治理的措施，以加强营林管理，增强树势，破坏害虫的生存和危害环境。如修剪清除病虫枝和过弱枝，消灭越冬害虫；

生物防治，保护天敌；化学防治。化学防治要分类而治，具体如下：

1. 油茶尺蠖

油茶尺蠖是危害油茶的主要害虫，油茶产区均有危害。幼虫食叶片，严重时全树受到危害，茶果枯死脱落。如连续危害2~3年，则植株枯死。

4月上旬至6月上旬为幼虫危害期，6月上旬开始入土化蛹，蛹期长达8~9个月，故1年发生1代。

防治方法：结合冬垦夏铲杀灭虫蛹是较好的防治方法。采用生物防治，招引它的鸟类天敌，如画眉、杜鹃等，来捕食。施放病原微生物，如苏云金杆菌、白僵菌、青虫菌。如用药剂防治，幼虫3龄前，用90%敌百虫晶体1 000倍液、50%辛硫磷乳油2 000倍液、70%杀虫脒800倍液等均有防治效果。

2. 茶毒蛾

茶毒蛾幼虫食叶片，叶食尽转食嫩枝、幼果。一年危害2~3代：每年4月上旬至5月下旬为上一年越冬幼虫危害期；6月下旬至7月下旬为本年第一代幼虫危害期；8月上旬至10月上旬为第二代幼虫危害期；10月上旬至11月中旬，成虫产下第三代卵越冬。

防治方法：①生物防治，招引天敌，施放病毒。茶毒蛾天敌种类多，如卵期的黑卵蜂、赤眼蜂，幼虫期的毒蛾绒茧蜂、茶毒蛾姬蜂，幼虫及蛹期的寄生蝇、核型多角体病毒。②冬季及早春，结合油茶修剪，摘除卵块。③结合夏铲，挖土灭蛹。④金羽化盛期，灯光诱蛾。

3. 油茶枯叶蛾

油茶枯叶蛾食性杂，食量大，危害期长（幼虫期4月上旬至7月下旬），吃一枝、光一枝、死一枝。

在主产区每年发生1代，以卵块于油茶小枝梗上越冬。翌年3月中旬孵化，幼虫4月初开始食叶，8月结茧，9月初至10月初羽化、产下越冬卵。

防治方法：冬季结合修枝，摘除卵。用灯光诱杀成虫。幼虫喷射松毛虫核型多角体病毒，或1亿孢子/毫升松毛虫杆菌。

4. 茶梢尖蛾

茶梢尖蛾在信阳市各个油茶产区均有分布。以低龄幼虫潜食叶肉，形成半透明淡黄色的虫斑，直径3~5厘米。长大后由叶片迁至枝梢内蛀食嫩梢致其凋萎枯死，枯死梢长达60~80厘米。被害枝梢枯死后又可转移到其他梢危害，一条幼虫可以危害多个枝梢。危害可使油茶减产1/3~2/3，严重影响油茶的生长和产量。

茶梢蛾在信阳市每年1代，以幼虫在老叶或枝梢内越冬。自4月开始，当日均气温上升到14℃左右，幼虫便从叶片中钻出，转移到嫩梢上蛀害。幼虫多从梢顶或芽腋间蛀入枝梢。

防治方法：加强检疫。茶梢蛾自身活动能力有限，主要靠苗木运输传播，加强检疫，防止虫害从病区传入。茶梢蛾在枝梢内越冬，因此在羽化前的冬春季节进行油茶修剪可防止虫害蔓延。修剪的深度以剪除幼虫为度，剪下的茶梢叶片要集中到油茶林外烧毁或深埋。根据茶梢蛾成虫具有趋光性强的特性，利用黑灯光诱杀效果良好。在幼虫孵化后至转蛀枝梢越冬前及时进行化学防治。药剂可选用2.5%溴氰菊酯乳油1 000倍液。3月中下旬越冬幼虫转蛀时，用每毫升含孢子2×10^8个的白僵菌喷雾或喷粉，防治效果可达85%左右。

5. 茶蓑蛾

茶蓑蛾主要分布在信阳市商城县油茶产区，每年发生1~2代。幼虫在护囊中咬食叶片、嫩梢或剥食枝干、果实皮层，1~2龄幼虫咬食叶肉，留下一层表皮，被害叶片形成半透明枯斑；3龄后咬食成孔洞或缺刻。

防治方法：人工摘除护囊；利用黑光灯诱杀成虫；幼虫期喷洒灭幼脲3号悬浮剂2 000倍液；保护天敌蓑蛾疣姬蜂、松毛虫疣姬蜂等，喷施杀螟杆菌粉剂（含活芽孢100亿个/克）1 000倍液进行生物防治。

6. 柿广翅蜡蝉

柿广翅蜡蝉主要分布在信阳市光山县油茶地，每年发生2代。以成虫、若虫密集在嫩梢与叶背吸汁，造成枯枝、落叶、落果、树势衰退。雌成虫产卵于枝条内，造成枝条损伤开裂，易折断。其排泄物还易导致煤污病，严重影响油茶的生长及产量。

防治方法：加强农业防治，冬季至初春应清理茶林，合理增施肥料，适时进行修剪；保护和利用天敌，如异色瓢虫、龟纹瓢虫和中华草蛉等；在若虫盛孵期喷施10%吡虫啉可湿性粉剂1 500倍液，效果显著。

7. 铜绿丽金龟

铜绿丽金龟每年发生1代，以3龄幼虫在土中越冬，翌年4月上旬上升到表土危害，5月间老熟化蛹，5月下旬至6月中旬为化蛹盛期，5月底成虫出现，6~7月为发生最盛期。成虫取食油茶幼嫩枝叶，形成不规则的缺刻或孔洞，严重时仅留叶柄或粗脉，幼虫取食根系。

防治方法：加强管理，中耕锄草、松土，进行人工防治。利用成虫的假死性，早晚振落捕杀成虫。灯光诱杀成虫，利用成虫的趋光性，当成虫大量发生时，利用黑光灯大量诱杀成虫。利用趋化性诱杀成虫，利用成虫对糖醋液有明显的趋性进行诱杀。成虫发生期喷施50%杀螟硫磷乳油1 500倍液，也可表土层施50%辛硫磷乳油1 000倍液，施后浅锄入土，可毒杀大量潜伏在土中的成虫。生物防治，利用天敌（各种益鸟、步甲）捕食成虫和幼虫，也可利用性信息素诱捕成虫。

8. 桃蛀螟

桃蛀螟在信阳市各油茶产区均有分布，每年4代。桃蛀螟通过幼虫在果内取食种仁，导致油茶落果。桃蛀螟自果柄蛀入果内取食种仁，造成茶果果柄干枯、茶果开裂，8~10月大量脱落。受害茶果大小不一，果柄处有明显的蛀食痕迹，大量虫粪被幼虫侵入时所吐的丝黏附于果表。幼虫侵入后，茶果颜色变成棕黄色，危害后期茶果裂开，果内种仁被取食殆尽，虫丝密布，充满虫粪。

防治方法：加强田间管理，及时清理虫果，集中处理；利用诱虫灯、糖醋液或性外激素诱杀成虫；危害严重时，可喷施3%高渗苯氧威乳油3 000倍液。

第九章

油茶低产林改造

油茶低产林是与良种丰产林相对而言的，是指其生产潜力未能充分发挥出来的那些林分。低产林改造主要包括以下技术措施：

一、清理林地

将林中的高大林木、杂灌木和有害杂草等清除，有利于油茶林的生长、垦复管理和果实采收，提高油茶产量。见图9-1。

图 9-1　油茶林地清理

二、密度调整

将过密的油茶林疏伐、过稀的适当补植，根据不同的坡度使油茶林每亩保留 60~100 株。

三、整枝修剪

　　油茶植株进入盛果期后，通过修枝整形改善通风透光条件，剪去过密的交叉枝、重叠枝、过弱的营养枝、病虫枝等，培养良好的树体结构。见图9-2。

图9-2　油茶整枝修剪

四、垦复深挖

　　"冬挖金、夏挖银"是群众对油茶垦复的总结。冬天深垦可熟化、改良土壤，增加肥力，清除杂草和消灭越冬病虫害。夏天正是新梢、果实生长的关键时期，结合除草、浅垦、培蔸可增强抗旱能力。提高油茶树体的生长势，有利于保花保果。

五、蓄水保墒

　　针对坡陡的林地，尽可能整出水平梯带，或者每隔6~8米按环山水平开挖1~1.5米的竹节沟，防止水土流失，以达到保水、保土和保肥的目的。

六、合理施肥

　　以农家土杂肥为主，冬垦时进行。有条件的春季适当施一些以氮、磷为主的复合肥。见图9-3。

图 9-3 油茶合理施肥

七、病虫防治

油茶成林中危害最为严重的病害是炭疽病和软腐病。不但造成当年损失，还会影响翌年产量，削弱树势，严重时造成整株死亡。油茶病虫害多以综合治理和预防为主，结合树体管理，在 4~7 月定期喷洒波尔多液等杀菌剂可起到有效的预防作用。

八、高接换优

对立地条件较好、树龄合适、长势旺盛林分中的部分劣株经两年观察标定，在调查清楚林分产量结构的情况下将部分不结果或结果不多的植株，用良种穗条，采用撕皮嵌接或插皮接等方法进行高接换优改造，从而提高林分的整体产量。嫁接时间为 5 月下旬至 6 月中旬。同一片林分必须在 1~2 年内完成。

 小知识

油茶周年管理工作历

年度	第一年	第二年	第三年及以后
1月		修剪	修剪
2月			
3月	基肥	追肥　石硫合剂	追肥　石硫合剂

续表

年度	第一年	第二年	第三年及以后
4月			
5月	除草整土	除草整土	除草整土
6月	追肥	杀虫剂	杀虫剂
7月	除草整土	除草整土	除草整土
8月	追肥		
9月			
10月	追肥		采收期
11月	石硫合剂	追肥　石硫合剂	追肥　石硫合剂　花期
12月	修剪	修剪	修剪

1. 越冬休眠期管理（12月、1月、2月）

（1）整形修剪　一般在茶果采收后到春梢萌发前修剪较好：先剪下部，后剪中上部，先修冠内，后修冠外，要求小空，内饱外满，左右不重，枝叶繁茂，通风透光。增大结果体积：一般剪去干枯枝、衰老枝、下脚枝、病虫枝、荫蔽枝、蚂蚁枝、寄生枝等。

（2）施肥　11月上旬则以土杂肥或粪肥作为越冬肥，以提高树体的抗寒能力。还可根据枝梢生长情况在10～11月用0.2%的磷酸二氢钾溶液叶面喷施，增加新梢木质化程度，有利于越冬。

（3）防病　冬季用3波美度的石硫合剂喷洒病株，可有效防治油茶烟煤病。

2. 春梢萌芽、抽发期管理（3～5月）

（1）施肥　春梢萌发前，薄施粪水或尿素，幼树以氮肥为主，适当施磷、钾肥，以利新梢快速生长；成年树以施氮肥为主。

（2）防病　主要病害有油茶软腐病和油茶根腐病。油茶软腐病在病害高峰前（一般为5月下旬）可用1%波尔多液预防，或用多菌灵和硫菌灵防治。油茶根腐病发病后尽可能清除重病株，以熟石灰拌土覆盖，或用50%退菌特、50%多菌灵等浇灌根茎处防治。

（3）治虫 主要虫害有油茶织蛾、蓝翅重突天牛、油茶绵蚧、茶梢尖蛾、桃蛀螟。油茶织蛾在幼虫期喷洒90%敌百虫晶体500倍液，成虫期喷洒90%敌百虫晶体1 000倍液，效果很明显。将被危害枝条平环痕处剪去烧毁或在成虫羽化期间每天早晨进行人工捕杀成虫，可有效防治蓝翅重突天牛。防治油茶绵蚧可喷洒20%久效磷可溶性液剂1 500~2 000倍液，防治效果较好。防治桃蛀螟可利用诱虫灯、糖醋液或性外激素诱杀成虫；严重时可喷施3%高渗苯氧威乳油3 000倍液。防治茶梢尖蛾可选用2.5%溴氰菊酯乳油1 000倍液，3月中下旬越冬幼虫转蛀时，用含孢子2×10^8个/毫升的白僵菌喷雾或喷粉。

3. 夏季管理（6~8月）

（1）整形修剪 对夏梢生长旺盛的树，应控制夏梢，促进结果母枝的良好发育。

（2）施肥 夏梢萌发前半个月，幼林以施氮肥为主，有利于营养生长；成林以磷肥为主，以农家肥及麸饼为好，也可适当施些化肥。

（3）防病 主要病害有炭疽病和油茶烟煤病。炭疽病6月底开始用1%的波尔多液，加2%的茶枯水，每10天喷1次，连喷1~5次，发病早期可用50%多菌灵等内吸性杀菌剂防治。夏季用0.3波美度的石硫合剂喷洒病株，可有效防治油茶烟煤病。

（4）治虫 主要虫害有叶蛾、天牛、油茶尺蠖和铜绿丽金龟。叶蛾可用敌百虫防治。天牛危害树干、树皮，可用敌百虫树皮下注射。油茶尺蠖低龄幼虫期可喷洒阿维菌素、敌百虫、亚胺硫磷、二溴磷1 000~1 500倍液，或2.5%溴氰菊酯乳油2 500~3 000倍液，或鱼藤酮300~400倍液进行防治。铜绿丽金龟可用50%杀螟硫磷乳油1 500倍液进行防治。

4. 秋季管理（9~11月）

（1）整形定干 幼树前三年须摘掉花蕾，不让其挂果，以维持树体营养生长，加快树冠成形。第一、第二年各冬剪1次，油茶定植后，在距接口30~50厘米上处定干，适当保留主干。第一年在距接口20~30厘米处选留3~4个生长强壮、方位合理的侧枝培养为主枝；第二年再在每个主枝上保留2~3个强壮分枝作为副主枝；第三年至第四年，在继续培养正副主枝的基础上，将其上的强壮春梢培养为侧枝群，并使三者之间比例合理、均匀。见图

9-4。

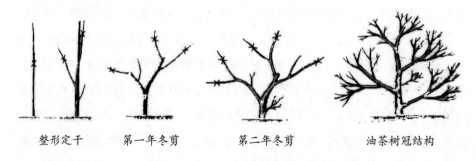

整形定干　　　第一年冬剪　　　第二年冬剪　　　油茶树冠结构

图9-4　整形定干

（2）施肥　秋梢萌发前半个月，幼林以施氮肥为主，有利于营养生长，成林以施磷、钾肥为主，以利茶果保果，籽粒饱满。

（3）防病　主要病害有油茶烟煤病和油茶根腐病。秋季用1波美度的石硫合剂喷洒病株，可有效防治油茶烟煤病。油茶根腐病发病后尽可能清除重病株，以熟石灰拌土覆盖，或用50%退菌特、50%多菌灵等浇灌根茎处防治。

（4）治虫　主要虫害有油茶毒蛾和茶梢蛀蛾。油茶毒蛾在3龄前用0.2%阿维菌素2 500~3 000倍液或用90%敌百虫晶体、50%马拉松、25%亚胺硫磷、50%二溴磷、50%杀螟松1 500~2 000倍液进行防治。茶梢蛀蛾喷洒敌百虫、杀螟松、马拉松1 000倍液进行防治。

第二篇

板栗篇

　　板栗原产我国，已经种植了几千年。板栗与历史悠久的红枣、桃子、杏子、李子一样，被誉为"中国古代五大名果之一"。我国板栗品质优良，栗果营养丰富，含有丰富的淀粉、糖、蛋白质、脂肪、多种维生素和无机盐等人体所需的营养物质，可炒食、煮食。栗果干物质内含蛋白质5%~11%，脂肪2%~7.4%，糖及淀粉70.1%，并含有多种维生素。板栗药用价值也很高，具有止血、养胃、健脾、补肾等功能。

第十章

板栗栽培概述

一、栽培历史

板栗是我国特产的优良干果树种之一。早在公元前 6 世纪前就有桃、李、梅、梨、枣、栗、榛等果树的记载，板栗在我国已有近 3 000 年的栽培历史。

二、地理分布

板栗在我国栽培区域广泛，北起吉林省，南达海南省，东起山东省沿海，西至甘肃省，全国共有 24 个省区有板栗栽培。虽然板栗在我国分布地域很广，但主要还是分布在黄淮流域和长江流域。在板栗的垂直分布上，从海拔不到 50 米的沿海平原，到海拔 2 800 米高原地区，均有栽培。总的来看，有越向南分布海拔越高的趋势。在黄河以北的河北、北京等地，板栗多分布在海拔 100~400 米的山地；在河南，板栗多分布在 600 米以下山地；在湖南、湖北等省，板栗多分布在海拔 1 000 米以下的山地；在广东、广西、云南、海南等省区，板栗多分布在海拔 2 000 米以下的山地。

三、栽培现状

板栗生长迅速，适应性强，抗旱，抗涝，耐瘠薄，寿命长，容易管理，产量稳定，并能在荒山、沿河平原滩地等地方栽培。据不完全统计，全国现有板栗面积约 1 300 万亩，年均产量在 15 万吨，占世界板栗总产量的 20% 左右，居世界首位。2021 年年底，河南省罗山县板栗种植面积 28 万亩，年产板栗 800 万千克以上，板栗已成为豫南地区农村经济发展的支柱产业之一。但是目前豫南地区在板栗生产上还存在一些亟待解决的问题：一是栽培水平低，管理粗放；二是板栗品种混杂，品种结构不合理，品质良莠不齐，良种率低；三是板栗深加工没有跟上，没有形成产业链；四是单产低，平均亩产不足50千克，与全国先进水平相比有较大差距。

四、经济意义

板栗是经济价值很高的木本粮食树种。栗果营养丰富，具有食用的功能。栗果干物质内含蛋白质5%~11%，脂肪2%~7.4%，糖及淀粉70.1%，并含有多种维生素。板栗药用价值很高，如具有止血、养胃、健脾、补肾等功能。栗树木材致密坚硬，可用于建筑、造船、家具用材。树皮、树叶、栗花苞可提取工业原料。板栗外贸出口历史悠久，是我国传统的出口创汇商品，在国际市场上享有盛誉，具有很强的竞争力。随着人民物质文化水平的提高，板栗及其深加工产品逐渐成为市场消费热点，未来几年，板栗必将成为国内外贸易的热点商品，市场前景广阔。

五、发展方向

第一，加大现有科技成果转化和推广力度，尽快解决技术"棚架"问题。大力开展以高接换优、低产林改造、病虫害综合防治为主要内容的板栗栽培科普活动，使科技成果迅速转化为生产力。第二，继续开展板栗良种选育研究，坚持以选为主，选、育、引相结合的方针，加快板栗栽培品种的更新换代。第三，在栽培技术上，应以矮化、密植和集约化栽培为主，实现栽培区域规模化、栽培技术系列化、经营管理标准化。第四，走"山上建林场、山下建工厂、山外拓市场"的产业化之路，形成科研、生产、加工、新产品开发一条龙，技、工、贸一体化运作体系，使板栗真正成为发展山区经济的支柱产业。

第十一章

栗属种类和豫南地区主要栽培品种

一、主要种类

栗属种类主要有板栗、茅栗、锥栗和日本栗等。

1. 板栗

板栗为落叶乔木，一般高 12~25 米，树冠半圆形。成年树树皮为灰白色，幼树为灰褐色。树干有较深的直裂纹，分枝较多，小枝及新梢上有短毛。叶呈卵形或椭圆披针形，顶端短尖。叶表面稍有光泽，边缘锯齿粗大，叶肉厚，叶主脉粗，细脉不明显。叶背面有淡绿色密布星状茸毛或粉绿色茸毛。秋季落叶不整齐。雄花为白色，是圆柱状柔荑花序，花数量不等。雌花序为球形多刺的总苞，生于雄花序的下部，数量 1~2 个。这种混合花序多生于结果枝上部，每个总苞内有坚果 2~3 粒，单粒果重 15~20 克，果扁圆形，肉质细密。较耐寒，适应性强，能抗栗疫病。果实味质优。属大量推广栽培品种。

2. 茅栗

茅栗主要产于河南、江苏、浙江、安徽、江西、湖南、四川、云南、贵州等省。多为灌木或小乔木，一般高在 10 米以下。新枝密生短柔毛或无毛。叶表面深绿色，较板栗叶小，长椭圆形，先端渐尖，基部圆形，边缘有粗锯齿。叶背面具有鳞片状腺点和少量白粉。总苞小，总苞的针刺上疏生有毛，一般每苞内含坚果 3 粒，多者 5~7 粒。果小皮薄，肉质密，味香质甜。但由于果小肉质少，在市场上不受消费者欢迎。但茅栗适应性、抗性均强，是我国南方各省利用野生资源发展板栗生产的主要砧木。

3.锥栗

锥栗又名珍珠栗。江苏（尖栗）、浙江（甜栗）、湖北、四川（榛子）、广东、广西、贵州等地山区有栽培。锥栗为落叶乔木，一般树高25~30米，树皮灰色纵裂，新生枝条无毛。叶互生，叶表面淡绿色、光滑，长椭圆状卵形或披针形，叶脉略呈网状，先端长狭而尖，基部楔形，边缘有毛状锐利刺，新叶表面有鳞腺，叶质薄而细致，叶柄细长。总苞单生或2~3个聚生在一起。总苞内有坚果1粒，少数为2粒。果实底圆而顶尖，其形状像锥，故名锥栗。果实成熟后挂在树上不落进行越冬。该种果实虽小，但味美，适宜在山区发展，是嫁接板栗的好砧木。

4.日本栗

日本栗原产日本，我国东北诸省有少量分布。日本栗为落叶乔木，树冠为半圆形，而主枝开张，树干灰褐色，新梢黄褐色，有细毛或无毛，叶椭圆形，顶端稍尖，叶基圆形。锯齿有时能变成刺毛状。叶背面有鳞及茸毛。总苞刺无毛，每个总苞内含2~3粒坚果。其特点是果个大，肉硬，只适于做菜或做罐头。耐低温。

二、豫南地区主要栽培品种

（一）豫罗红（豫板栗1号）

豫罗红是由河南省板栗研究协作组于1974年选育出的优良单株。这些年经河南省的罗山县林业科学研究所的不断优化培育，已经成为大家普遍喜爱的品种。特点是：树势强，枝条疏生角度大，叶长椭圆形，叶缘锯齿浅而多，总苞大，椭圆形，成熟时呈"十"字形开裂，刺斜生且稀而硬，每总苞内平均含坚果2.5个，出实率45%，坚果椭圆形，单粒重量12.2克，每千克100粒左右，皮薄，紫红色，品质优，抗病虫。9月下旬成熟。适宜于沿河平原或丘陵地栽培。

（二）罗山689（豫板栗2号）

罗山689产于罗山县。树势强健，自然开心形，干灰色，皮纵裂。叶长椭圆形，背面密生茸毛，叶缘有浅锯齿。总苞成熟呈"十"字形开裂，刺稀而软。每个总苞内含坚果2~3粒，每千克80粒左右，果皮紫红色，有光泽，品质中等。

9 月下旬成熟。适宜滩地大力发展。

（三）罗山早油栗

罗山早油栗产于罗山县高店乡栗园。树势生长旺，树皮浅灰色，皮纵裂。叶披针形，背面密生茸毛，叶缘有浅锯齿。总苞成熟时呈"十"字形开裂，刺稀而硬。每个总苞内含坚果 2~3 粒，每千克 100 粒左右，果实黑红色近圆形，光滑无毛，肉质细而甜，品质上等。9 月中旬成熟。

（四）大板栗

大板栗产于罗山县。树势强健，自然开心形，树皮浅灰白色，皮纵裂，叶缘有锯齿。总苞成熟时呈"十"字形开裂，针刺较稀，每个总苞内含坚果 2~3 粒，每千克 50~60 粒，种皮红褐色，果肉淡黄色，品质中等。9 月中旬成熟，不耐贮藏，适于山区发展。

（五）二板栗

二板栗主要分布在罗山县、光山县、商城县等县区的山区乡镇。树势旺，树体开张，树冠圆头形，树皮浅灰色，浅纵裂。新梢浅绿色，皮孔大而多。总苞椭圆形，呈"一"字形开裂，针刺密而硬。每个苞内含坚果 3 粒，每千克 60~90 粒坚果。9 月中旬成熟，丰产，不耐贮藏。

第十二章

板栗苗培育

一、苗圃地选择

1. 位置

苗圃地的好坏直接影响着苗木的产量、质量和育苗的成本。根据板栗的生物学特性，苗圃地一般选在规划栽植栗园的附近，且靠近水源，排灌方便，交通便利。地形：苗圃地应设置在地面平坦、地形开阔、坡度不大的地方，该地方还应阳光充足、空气流通、温暖背风。阳光不好的狭谷地，寒流汇集和冷空气沉积的洼地，以及低洼易涝的盐碱地，都不宜选作苗圃地。见图12-1。

图 12-1　苗圃地

2. 土壤

土壤是苗木生长发育的重要环境因子，直接影响着苗木的生长速度、质量和产量。选择育苗地时，一般应选用土层深厚、湿润肥沃的沙质壤土，或轻黏壤土，pH 5.5~6.5，这类土壤因呈酸性反应，结构疏松，透水、通气、保肥、蓄水性能良好，有利于种子发芽出土、松土除草和幼苗的生长发育。重黏土、响沙、干旱瘠薄的盐碱土，难以培育出优质壮苗，不适宜选作育苗用地。

二、苗木繁殖

板栗的繁殖可分为有性繁殖和无性繁殖两种。有性繁殖就是用板栗种子直接播种繁殖的方法，无性繁殖就是人工利用板栗部分营养器官繁殖，如嫁接等方法。

1. 种子繁殖

（1）采收种子　为了获得品质优良的苗木，应选 20~30 年生、连年高产稳产、果实饱满且成熟度一致、树势健壮、抗逆性强、无病虫害的优良单株作采种母树。豫南地区多采用油栗种子育苗，一般在 9 月下旬 10 月上旬成熟，栗苞由绿变黄，自然开裂，落地，此时可从地面收集，每千克 100 粒左右。使用这样的种子繁殖苗木，不但发芽率高，而且能培育出优质、健壮、速生丰产的苗木。

（2）种子简易检验　为了保证种子品质，在播种前必须认真做好种子检验工作，以便掌握播种量，达到良种壮苗的目的。其简易检验的方法如下：

1）直观法　就是取有代表性的板栗种子，分成 4 组，每组 100 粒，用锋利的小刀从种子中部切开，直接观察种子饱满程度、种仁颜色和病虫害等情况的方法。凡是充分成熟的种子，其胚和胚乳是饱满充实的，没有病虫危害，且种仁为白色或浅黄色，种皮鲜颜明亮呈棕红色，种皮与种胚不分离。没有发芽能力的不良种子，种皮与种胚、胚乳互相分离，且有皱纹。

2）浮沉法　板栗种子也可以用水来检验饱满程度。检验时备一口大缸，里面装上水，加上适量食盐，然后把板栗种子倒入大缸，搅拌均匀，停 20~30 分后，漂浮在水面上的种子多是不饱满或受过病虫危害的板栗种子；沉入缸底的种子多是品质优良的板栗种子，可用来播种育苗。

（3）种子贮藏　采收后的板栗种子怕干、怕热、怕冻：种子受干易失去发芽能力，湿度过大容易发霉腐烂，温度过高容易使种仁变质。因此，种子采收后应及时处理，一般先放在通风良好的室内或室外阴凉干燥的地方，摊放 2~3 天使栗种自然失水，然后进行层积沙藏。凡经过层积沙藏的种子生命力强，出苗率高。其方法是：在室外选择地势高、排水良好和阴凉的地方挖沟贮藏，一般沟宽 0.5 米，深 0.8~1 米，长度根据种子的多少而定，沟底铺 10~15 厘米干净细沙，然后将种子混两倍的湿沙拌匀，放入沟内。或者先放一层 8 厘米厚种子，再盖 10 厘米厚湿沙，依次向上层积，距沟上边沿 15~20 厘米，再盖些细湿沙直到稍高于沟沿处为止。然后，每隔 1 米竖立直径 10 厘米粗的草把一个，下通沟底，上露出地面，以利通气，越冬时上面要覆土加厚成土堆形，以防种子受冻和雨水浸入。翌春解冻后，要注意经常检查，发现有坏种时要立即择除，种实出现裂口露出根时，可及时取出播种。板栗数量不多，可在室内堆藏，首先要选择干燥通风的室内，用砖块砌成池子或地窖，先在底面铺含水量 3%~5% 10 厘米厚的中粒河沙，然后放一层种子，一层沙，依次交替堆放，堆至 50~60 米厘米高时为止。种子多应在贮藏堆中心，事先安置通气设备，堆完以后，上面盖上塑料布或草帘，使用木棍或树条压好即可。

（4）播种 根据豫南地区经验，板栗以 2 月下旬至 3 月初播种为宜。板栗进行春播，宜早不宜迟，因为早播幼苗出土早，生长期长，幼苗发育健壮，抗旱、抗病虫能力强，从而可培养出速生丰产的优质壮苗。

播种前将苗圃地三犁四耙，达到地平如镜，土细如面，每亩施充分腐熟的有机肥 5 000 千克，均匀撒开，翻入土壤中，然后做床。在豫南地区适宜做高床，高床规格：床宽 100 厘米，床高 25 厘米，床长一般 10 米（也可因地制宜）。播种时按行距 25 厘米，株距 12 厘米，开小沟把种子平卧点播放置沟内，再用湿润沙土覆盖，盖土厚度 3~4 厘米，稍加镇压，使种子与土壤密接，以利种子发芽出土。一般每亩播种量 120~150 千克，可育苗 8 000~12 000 株。

（5）苗期管理 地温在 10 厘米深处达到 10~12℃时，板栗种子开始萌发，发芽后胚根先向下生长，生长一定长度时，长出侧根，这时胚芽从胚茎处伸出，逐渐向上生长出土，这个阶段称幼苗出土期。此时期的土壤、水分、温度和通气状态等都是关键性的外界环境因子，它们相互关联、相互制约。良好的外界环境条件使种子发芽快、出土整齐。地温低可使用塑料薄膜覆盖。

天气干燥，地表板结时，应适当侧灌，松动表土等，以利幼苗出土生长。

幼苗出土后开始生长，从5月下旬到6月上旬是板栗苗快速生长时期，在这个时期，由于根系和地上部分的旺盛生长，耗去了大量的养分，苗木品质在这个时期基本确定。此时期最主要的任务是：加强苗木抚育管理，满足苗木生长发育所需要的各种条件。雨后或灌溉后，进行中耕除草2~3次，追肥2次：第一次在6月上旬进行，以尿素等氮肥为主；第二次在7月中旬，以追施磷、钾肥为主。幼苗生长到7月末至8月初，快速生长停止。到栗叶变色，进入木质化阶段，粗生长还在继续。为促进苗木充分木质化，对生长不良或不充实的苗木，可在8月下旬或9月上旬进行摘心处理，或喷洒矮壮素等，以提高苗木的产品质量。

2. 嫁接繁殖

过去板栗建园多选用山坡上野生板栗或茅栗作砧木，就地剪砧，就地嫁接，通常嫁接后的苗木3~4年开始结果，比播种的实生苗板栗树提早4年左右结果。利用嫁接繁殖板栗，可以保持板栗的优良特性，促进幼树提前结果，达到早期丰产的目的。为迅速提供板栗大量嫁接苗，实现良种化建园，近年来，采用常规嫁接和子苗嫁接的方法，每年培养良种嫁接苗在400万株以上。见图12-2。

图12-2 嫁接繁殖

（1）接穗的采集贮藏 板栗嫁接所用的接穗，应从20~30年优良品种的结果树上采集1年生粗壮枝条，要求芽饱满、没有病虫害的枝条作接穗。接穗采集时间要根据嫁接时期来确定，栗芽萌动前，进行春接，栗芽成熟后进行秋接。一般情况下，砧木萌动时接最易成活，所以接穗必须在嫁接前1~2个月采集。采回的接穗，每30~50根捆成一小捆立即贮藏在洁净的河沙中（河沙的湿度以手握成团、松开即散为最好）。也可以贮藏于地下室；也可以蜡封后贮藏于通风阴凉处；或者随采随接，不必贮藏。不管采取哪种贮藏方法，适宜的贮藏温度为5~10℃。

（2）嫁接工具　一般使用的嫁接工具有手锯、修枝剪、切接刀、芽接刀和塑料薄膜等，见图12-3。若改接大树可带木械锯、锐利的镰刀，或废锯条改制成的各种式样的嫁接刀。在接大树时，为使接口伤面少见阳光，应带旧报纸在塑料薄膜绑扎时束缚遮光。

图12-3　嫁接使用的工具刀

（3）嫁接时间　根据不同嫁接方法，采用不同的嫁接时间。如春季以砧木树液开始流动或初展叶时进行嫁接为宜，豫南地区在清明节前10天和后10天为较好的嫁接时间；7月下旬至9月下旬进行芽接，接口可更快愈合。这两个时间段嫁接成活率高，也方便管理。

（4）嫁接方法　板栗嫁接的方法很多，常采用方法主要有：

1）芽接法 芽接一般是在春季树液刚开始流动，皮层容易剥离时进行。芽片削成盾形，使芽片内带一薄层木质部，在被嫁接的砧木苗距地面5~7厘米光滑处，切深达木质部的"T"字形切口，把已削好的芽片插入"T"字形口内，使接口上下对齐，最后用塑料条绑扎。见图12-4。

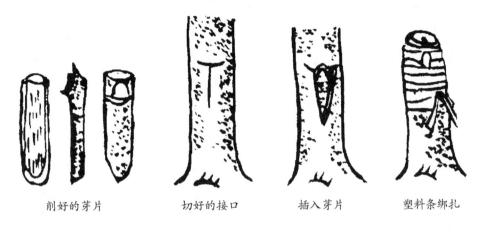

削好的芽片　　　　　切好的接口　　　　　插入芽片　　　　　塑料条绑扎

图12-4 "T"字形带木质芽接法

2）劈接法 劈接法是板栗嫁接上应用最广的一种方法，它适用于苗圃地幼苗嫁接、低产变高产和劣种变优种等大树高接换头。接法：在苗圃地先将砧木距地面10厘米左右的光滑处剪断，用刀削平断面，把接穗剪成带有2~4个饱满芽、10~15厘米长，并用快刀把接穗削成楔形，削好后暂含口中或用湿布盖住，然后从砧木断面的中间往下纵切一刀，接口深5~6厘米，随即将接穗插入纵切口的一侧，使砧木形成层和接穗形成层互相对准，用塑料条绑扎即成。见图12-5。

3）腹接法 腹接法适用于结果大树主侧枝光秃带位置上。它具有嫁接时间长、贴合紧密、容易成活、接后1~2年即可挂果的优点。这种方法不仅适用于大树改劣换优，而且能在树干处插枝生枝，使高干变为低干，高冠变为低冠，达到矮化树体的作用。方法：把有2~3个饱满芽的接穗剪成8~10厘米长，在下端芽的背面削成4~6厘米的长斜面，再于芽的正面下端两侧各轻削一刀，深达木质部。接穗削成后，在砧木的平滑面用刀横切皮层深达木质部，再用刀柄把切口皮层撬开，将长削面插入皮层，用塑料条绑扎即成。见图12-6。

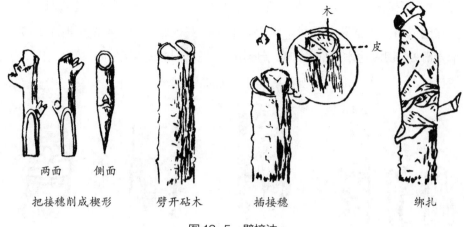

图 12-5 劈接法

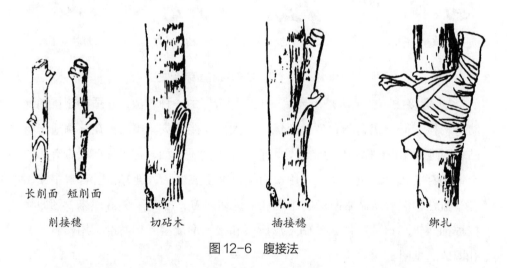

图 12-6 腹接法

4) 插皮接法 插皮接法具有接穗与砧木接触面积大、操作简便、成活率高、容易掌握等优点。它适用于多年生较粗的砧木和大树的高接换头。方法：削接穗，把接穗芽的背面下端削成一个长4~6厘米的马耳形斜面，深达髓部。然后再于马耳形的背面两侧各削一刀，深达韧皮部。随后在嫁接处将砧木锯断，削平锯面，选树皮光滑一侧上方，用刀尖将形成层挑开。最后插入接穗，用塑料条绑扎即成。见图12-7。

5) 子苗嫁接法 根据多年板栗子苗嫁接的实践经验，将子苗嫁接规范成九大关。①采种选种关：9月下旬至10月上旬板栗自然成熟落地，把饱满、

长削面　短削面

削接穗　　　　　　　拨开皮部　　　　　　插接穗　　　　　　绑扎

图 12-7　插皮接

色泽鲜亮、大小均匀、无病虫害的种子拣回备用。将拣回的种子用药水（即1:800倍高锰酸钾液）进行15分水选，拣出瘪种、坏种，把好种摊放于通风室内待贮藏。②种子贮藏关：种子入库后，在室内摊放自然失水1~2天，俗话叫"发汗"。室内用1:500倍福尔马林喷雾消毒。根据种子多少用砖块砌成贮藏池，池内用含水量3%~5%中粒河沙，对种子进行一层种子一层沙层积贮藏，总高度不超过60厘米。10~11月，每7~15天翻动1次，进入12月大气温度下降，每15~20天翻动1次。每次翻动时拣出坏种、病虫种等。③加温催根关：1月至2月下旬，将沙藏种子置于15~18℃室温内（升温可使用煤炉、炭火等）或摊放在0.8~1米高的塑料小拱棚内（棚内做苗床视种子多少而定），床底铺10厘米厚含水量3%~5%中粒河沙，摆放一层种子，再盖一层沙，待幼根长出3~4厘米时，即可断根。④断根催芽关：2月下旬，将新根用手掐断去除1/3，在药水（1克茶乙酸对清水1千克）内速蘸，然后摆放于小拱棚苗床内。棚内温度保持在20~25℃、相对湿度在80%以上。到3月中下旬，待芽苗露出床面，待幼叶未变红时，即可进行嫁接。⑤苗圃选择关：基本与常规苗圃地选择条件一样，3月下旬天气干燥时，用塑料薄膜把床面盖住，以利保墒。⑥接穗采集贮藏关：2月左右，开始采集接穗，母树选择与常规嫁接选择条件一样。选择直径为0.4~0.6厘米的枝条，每50~100根绑一捆，用含水量3%~5%的河沙，将接穗直立排列，埋入河沙中2/3处，贮藏于阴凉处或地下室内，温度一般不超过10℃。清明节前芽朝上方，清明节后严防树液流动，接穗芽倒过来向下贮藏。也可用蜡封法贮藏。⑦子苗嫁接关：清明节前 10 天和后 10 天为最佳嫁接时间。嫁接方法与常规劈接法一样，不同点是砧木为未木质化肉质子苗砧（形状似黄豆芽粗细）。切砧：将子苗砧从小拱棚内取出，用单面刮胡刀片在距根际 2~3 厘米处切断，随后在砧木中间向下纵切一刀，深 2 厘米。削接穗：在距接穗 2~3 个饱满芽下端 0.2 厘米的两侧各削一刀，长 2 厘米。靠芽一侧厚，另一侧薄，称楔形接穗。插穗：把削好的接穗插于砧木中央，达到下不蹬空、上不露白或微露白，视接穗粗细与砧木一边对齐。最后用干净旧麻袋绳绑扎即成。按一定株行距（15 厘米 ×5 厘米），移栽于塑料棚内，或置于大棚内，待接口愈合后移栽于大田。见图 12-8。⑧子苗移栽关：子苗嫁接后应及时移栽于事先准备好的大田小拱棚床内。苗床宽 1~1.2 米，长 10~15 米。栽苗时先按 25 厘米行距开栽植沟，深以能埋住接口上部为宜，浇足底水，用手轻拿子苗嫁接口绑扎处，按 15 厘米株距将子苗垂直放入栽植沟内，用细土封实（不窝根），使接穗上芽露出地表即可，随即搭好塑料棚。拱棚中心高以 50 厘米左右为宜，四周用土压实，以利保温保湿。嫁接后植于大棚内愈合好的子苗，移栽方法同上，可不搭拱棚，但应于傍晚或阴天移植，以利成活。大风、高温晴天应注意喷水或遮阴。⑨炼苗及苗圃地管理关：塑料棚内温度保持在 25~30℃为适宜，若超过 35℃，应及

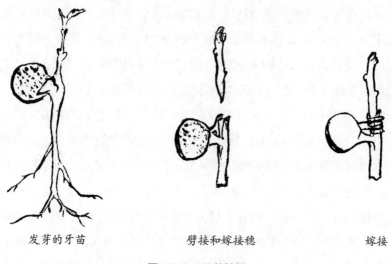

发芽的牙苗　　　　　　劈接和嫁接穗　　　　　　嫁接

图 12-8　子苗嫁接

时将棚两头掀开通风，棚内相对湿度保持在 80%~90%。一般情况下，嫁接30 天左右、新梢生长 8~10 厘米时开始炼苗，晚上揭棚，上午盖棚，慢慢炼苗 7~10 天。待苗木生长健壮，可将塑料棚全部揭开，之后对苗圃地进行正常管理即可。

6）高接法　高接通常是在 4~10 年生幼年栗树上进行，也可对不结果、产量低，果实小或枝叶有严重病虫害的中龄和老龄栗树进行截枝高接。其嫁接方法同切接和劈接。板栗树形有主干疏散分层形和开心形两种。根据不同的砧木树形进行截枝，截枝时，根据树的大小、枝的粗细来确定，一般小树选主枝 3~5 个，大树选主侧枝 6~12 个，进行高接选留的主、侧枝的直径不得超过 8 厘米，距基部 30 厘米处锯断，随锯随接。如当年不成活者，到翌年还可进行补接，但补接时必须锯掉枝头一段的干枯部分。见图 12-9。

图 12-9　大树高枝多头嫁接

（5）嫁接注意事项　嫁接能否成活主要决定于接穗与砧木之间形成层能否相互密接产生愈合组织，并分化产生新的输导组织等。因此，不论芽接还是枝接，都要求接穗与砧木切面平滑，二者形成层一定要对准。但形成愈合组织，还需要有一定温度、湿度和一定空气条件等。外界环境条件好，产生愈合组织快，嫁接苗容易成活，因为形成愈合组织，需要一定的能量和养分，所以接穗与砧木本身贮藏的养分愈多，嫁接成活也愈容易。有些植物在嫁接中，由于伤口的削面能产生单宁或胶质等物质，这些物质常常阻碍砧木和接穗之间组织的愈合，因而嫁接后不易成活。要想使板栗树嫁接后获得较高的成活率，除选用正确的嫁接方法外，还要注意如下事项：第一，选择最适宜的嫁接时期，如豫南地区在清明节前10天和后10天为最佳嫁接时间，嫁接成活率最高。第二，使用的刀、剪等工具要锋利，砧木的切口和接穗的削面一定平整、光滑。第三，嫁接人员技术必须熟练，操作过程要快。嫁接时必须使接穗和砧木结合紧密，形成层与形成层对准，不损伤接芽及接穗和砧木的形成层。第四，要在优良母树上采集发育充实、芽子饱满和无病虫害的1年生结果枝或发育枝作接穗，不可采取瘦弱枝和徒长枝作接穗。第五，贮藏接穗时，一般50~100根捆成一捆较好，不宜把捆绑得过大，以防发热烧坏。在挖沟贮藏时，捆与捆之间要留有一定的空隙，再用湿沙将接穗埋入2/3深。

（6）嫁接后的管理　板栗嫁接后管理的好坏，不但能直接影响嫁接苗的成活率，同时也影响嫁接树苗的生长发育。因此，管理好嫁接后的板栗，是一项非常重要的工作。那么，对嫁接后的栗树，应进行哪些管理呢？大体有以下几项工作：

1）设立支柱　高接后新枝生长特别快，容易被风折断，所以要立支柱扶持。方法：选适当大小的木棍，先将一端牢牢绑在基砧上，用麻皮将新枝绑在支柱上，麻皮不能绑得太紧，以免风吹摇摆时磨伤接枝嫩皮。

2）解除绑扎物　在雨季到来之前，要解除接口外的全部绑扎物，这不但可以防止雨季来临时接口外由于存水造成的霉烂，也可防止生长过程中造成的勒伤。绑扎物解除太晚会造成接枝两头粗中间细。

3）适时摘心　对野生砧嫁接和高接换头的嫁接树，为促使早成形和保证树体矮小、紧凑、早丰产，在嫁接的当年要摘心2~3次。第一次摘心，当新梢生长到定干高度时立即将顶芽摘除。以后每当新梢生长到30厘米左右时，可摘心一次（骨干枝应放长到40~60厘米）。

4）除掉萌芽　锯断母砧后，基部往往长出许多萌芽，这些萌芽如果不除掉，就会消耗树体内的营养，影响新梢的成长，所以应及时将它们除掉。为了防止嫁接植株的徒长，保护基干免遭日灼，可酌情留少量萌芽，对确定嫁接没活的可选留 1~2 个萌条，利用萌芽来供养断桩，翌年进行补接。

5）病虫防治 当接芽萌发后，要经常检查有无病虫害，一旦发生，要及早查清病状、病症的主要类型和害虫的种类等，采取适当的措施及时对症下药防治，以达到消灭病虫害的目的。

6）加强水肥管理 要使嫁接树苗发育良好，除早秋施入基肥外，生长前期即 6 月中旬和 7 月下旬要各追肥 1 次。如遇天旱应及时浇水。在整个生长过程中，要中耕除草 3~5 次。

三、苗木分级、消毒、包装和运输

1. 苗木分级标准

为了使建园苗木规格一致，给管理打下基础，在造林规划区内一定要用等级苗造林。苗木一般分两个等级，即 I 级苗：苗高 80 厘米以上，地际直径 1.5 厘米以上。II 级苗：苗高 60 厘米以上，地际直径 1 厘米以上。在起苗时要保持根系完整，苗木芽不缺不伤，整株无病虫害。

2. 苗木消毒

为防止板栗疫病等病虫害随苗木带入造林地，起苗后，要对苗木进行检疫，对带病植株就地销毁；对健康植株用 60% 代森锌可湿性粉剂 500~800 倍液进行喷雾杀菌消毒，预防病毒感染。

3. 苗木包装

根据苗木大小和造林地远近，一般每 50~100 株捆成一捆，用湿稻草或草帘将苗木根系包住或全株包住，最后用绳将稻草捆 1~2 圈，存放于阴凉处待运。

4. 苗木运输

在苗木运输中，要注意包装物的湿度及通风条件。两者都可影响造林成活率，故苗木运输时主管调运苗木的人员责任心要强。

第十三章

板栗生物学特性

一、板栗的生长习性及枝条类型

1. 生长习性

板栗的生长发育与各地气候条件和栽培管理技术有着极密切的关系。一般情况下，嫁接苗木定植后，第一年地上部分生长缓慢，地下部分根系恢复，以后生长加快。第二、第三年，地上部分生长加快。第三、第四年开始结果。第四、第五年单株结果 0.5~1 千克。8~10 年单株结果 2.5~5 千克。成龄树每平方米树冠投影面积产量不低于 0.5 千克。15 年进入盛果期。经济寿命 70~80 年，若加强科学管理，百年以上大树仍能结果。

板栗根系垂直分布在 2 米多深的土中，侧根和细根主要分布在 20~40 厘米深的土层中，但忌破坏 5~10 毫米粗以上的根系，严防伤口过大难以愈合，致使成活率降低。板栗有菌根，常与栗幼根共生，可增强根系吸收能力和扩大吸收范围。因此，在新建园时，接种菌根，对栗树生长发育和结果均有利。

板栗的芽可分为完全混合芽（雌性花芽）、不完全混合芽（雄性花芽）、叶芽、隐芽四种。完全混合花芽能抽出雌花簇和雄花序的结果枝，能开花结果。不完全混合芽仅能抽出雄花枝。叶芽能抽生出发育枝和纤弱枝，不会结果。隐芽生在枝条基部，枝条折断受到刺激后，方可萌发。板栗树枝上无顶芽，有顶芽的属假顶芽。芽在枝条上排列的方式叫叶序，有两种排列，即 1/2 叶序和 2/5 叶序。一般情况下，小树结果前多为 1/2 叶序，结果树多为 2/5 叶序。芽的排列不同，抽生出新梢的方向也不一样，因此修剪时必须注意芽的位置和方向。

2.枝条类型

上面几种芽在栗树达到结果年龄后,可抽生出营养枝、结果枝、结果母枝、雄花枝、徒长枝和细弱枝等。

(1)营养枝 营养枝由叶芽或隐芽发育而成。生长粗壮,是形成树冠骨架的主要枝条。依其树龄不同,其长势亦不同。幼年生长旺,树冠扩大成形快。进入结果盛期(15年左右)营养枝条组织生长充实,于顶端3~5个芽处形成花芽,变为结果母枝,而顶端的营养枝仍能继续生长。老龄树(70年左右)发育枝抽生缓慢,或抽生后枝条细弱,因易过冬而枯死。

(2)结果枝 结果枝是从母枝上抽出的当年新生枝条,由完全混合芽发育而成,从结果枝基部3~4节起,再向上5~9节腋芽着生穗状雄花序,在近顶端的2~4个花序基部着生1~6个球状雌花序,能开花结果,外刺毛包围总苞。当年的结果枝第二年变为结果母枝,顶端多数芽为混合芽,第三年内混合芽抽生出结果枝。结果枝经结果后,大部分变弱,不再发芽,故出现隔年结果现象。结果枝中部雄花序各节无芽叫盲节,在雄花序接近枝梢部位的一段枝叫尾枝,尾枝叶腋间大部着生混合芽,若加强管理,可变为强壮结果枝。

结果枝按长度可分为长(20厘米以上)、中(15~20厘米)、短(15厘米以下)3种。据观察,在盛果期树体管理粗放时,结果枝数量一般占枝条总数量的4%左右。管理精细,树势健壮,结果枝数量可占枝条总数量的20%左右。

(3)结果母枝 着生有混合芽的枝条,一般可变为结果母枝。根据不同树龄,结果枝位置不同。在幼树期,由于枝条组织生长不够充实,只有在顶芽处抽生结果枝。进入盛果期,枝条组织已充实,除顶芽能抽生为结果枝,再向下到枝条中部位置也可抽生出结果枝。老龄树,结果枝抽生不规律,有时在枝条基部的芽可能抽生为结果枝,据资料报道,盛果期枝条直径达0.3厘米时,就可抽生结果枝,每增加0.1厘米,抽生结果枝率增加10%。见图13-1。因此,栗树整形修剪应掌握各龄期枝条特性,并注意加强枝条直径的培养。

(4)雄花枝 雄花枝是为不完全混合芽萌发的枝条。枝条有叶片和雄花序。在一般情况下,翌年不能抽结果枝,若加强肥水管理,雄花枝基部的健壮腋芽也可能抽生结果枝。

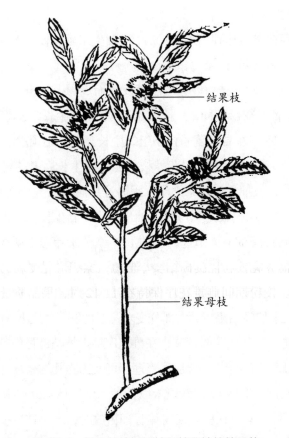

图13-1 板栗的结果母枝和结果枝的结果状

（5）徒长枝也叫"娃枝" 由隐芽或叶芽经修剪或折断刺激后，萌发抽生的直立而细长的新梢，称徒长枝，也叫"娃枝"。根据生长位置，分为两种"娃枝"：一种是生长在主枝基部萌生的枝条，一般生长旺盛，直立节间长，不会形成果枝，称"水娃枝"；一种是在主侧枝中上部位置萌生的枝条，长势缓和，生长较充实，节间短，若加强管理，第二年可转化为结果枝，称"果娃枝"。在不同树龄上的徒长枝，经过适当改造可用以培养树冠主、侧枝或结果枝。

二、结果习性及物候期

板栗的结果习性与物候期分不开，从新芽萌动到落叶，全周期需6~7个月。其生长过程可以分为5个时期：萌芽及新梢生长期、开花和授粉期、果实生长及成熟期、花芽分化期、落叶期。

1. 萌芽及新梢生长期

当日平均气温达到12~14℃时，地上部枝芽开始萌动，因地区和品种不同，萌芽期相差8~12天，新梢萌芽生长两个月后（4月上旬至6月上旬），生长速度逐渐放缓直至停止。在北方，板栗新梢一年有2~3生长现象，这种习性为夏季栗树整形修剪提供了有利条件，为多次开花结果创造了条件。

2. 开花和授粉期

栗树开花期较其他果树稍晚，不易遭受霜冻危害。一般4~5月展叶；5~6月开花，雄花期为13天左右，当花期到8~10天时，在雄花序基部的雌花开始开放，5月下旬至6月上旬为盛花期，6月中旬花基本落光。板栗能自花授粉结实，而异花授粉能提高结实率。据观察，雌花受粉的时间，可保持在1个月左右。授粉期间雌雄花序保持在1：12时，果品质量较好。雄花粉小而轻可随风飞散20~200米。

3. 果实生长及成熟期

在枝条新梢速生期趋于下降时，幼果才开始缓慢生长，以后果实的重量和体积逐渐增加，而且内含物质增加，接近采收前，果实生长缓慢。因此，在板栗生长前期（4~6月）加强肥水管理，可以促进枝条生长，扩大绿叶营养面积，给果实生长创造条件；后期（7~9月）加强肥水管理，可以加速果实生长和花芽分化。总之，前后两期增加肥水供应是板栗稳产、高产的可靠保证。

4. 花芽分化期

花芽分化有3个过程，即生理分化期、形态分化期和性细胞成熟期。生理分化期出现在形态分化期前28~30天，其表现是花芽的生长点内发生质的变化。形态分化期是花芽各器官的发育过程。性细胞成熟期则是在翌年春，发芽后开花前完成。这时期，如果管理条件差，则生殖器官发育不良或退化，坐果率低，空苞率高。

板栗的花芽分化一般在翌年春萌芽前完成。花序、叶、芽等器官都在萌芽前在芽内变为雏形。板栗的雌雄花芽生理分化期，出现在6月下旬至8月中旬。随着生理分化的进行，在雏梢基部数节内就出现雄花序原基，而雌花则在休眠后混合花枝上部的雄花序基部发生。其形态分化在冬季停止，翌年再继续分化，直至新芽萌动时方可完成。

但由于我国南北温度差异大，在暖温带地区板栗有 2~3 次开花结果现象。雌花芽分化在当年新梢生长季节，不经低温就形成花芽。如安徽省休宁县发现一株 30 年生异型板栗，每年结果 2 次，群众称"花果"。一次果于 10 月上旬成熟，每千克 100 粒左右；二次果于 11 月上旬成熟，每千克 160 粒左右。又如湖北省汝城县益将林场栽种的板栗实生苗，每年结果 3 次。一次果于 5 月上旬开花结果，9 月下旬成熟，每粒坚果重 19 克；二次果于 8 月上旬至 9 月上旬开花结果，11 月上旬成熟，每粒坚果重 14 克；三次果于 10 月开花结果，11 月下旬成熟，每粒坚果重 8 克。

5. 落叶期

据观察，日平均温度 15℃以下，日照短于 12 小时，或天气过于干旱，都能使板栗树落叶。如辽宁省熊岳镇栗树落叶期开始于 10 月下旬，河北省昌黎县为 11 月，山东省在 11 月中下旬，河南省罗山县在 11 月中旬。实生栗树落叶晚或翌年新芽萌动时，老叶开始落掉。但嫁接栗树落叶整齐而较早；或随树龄不同，落叶时间亦不同，如幼树落叶迟于结果期树落叶。

三、板栗生长发育与自然条件的关系

板栗和其他植物一样，在整个生长发育过程中，受自然条件制约。温度、降水、土壤、光照等都是板栗的生长发育条件。因此，在研究板栗早结果、早丰产与同时研究自然条件有着密切的关系。

1. 立地条件

板栗适宜栽培在土层深厚肥沃、土壤湿润、排水良好、含有机质多的沙质壤土或花岗岩等母质形成的微酸性土壤（pH 5.6~6.5 的土壤最好），或在沿河平原沙地、山荒坡地等也能栽培。但忌在钙质或盐碱性较大的土壤栽培，否则，生长不良，影响开花结果。

2. 温度

据经验，板栗生长发育所需要的适宜温度为年均气温 10~15℃，绝对气温在 -30℃以下时板栗幼树和新梢遭受冻害。开花期气温需保证 18~25℃，若低于15℃或高于27.5℃时，可对板栗授粉，但坐果等均受不同程度的影响。8~9月为果实增大期，平均气温应在20℃以上。

3.降水

由于地域差异大，板栗在栽培品种上就产生了南方抗湿品种和北方抗旱品种。南方板栗品种适宜在年降水量1 000~1 500毫米的范围内生长，北方品种宜在年降水量500~600毫米的范围内栽培。

第十四章

板栗园的建立

板栗属深根性树种，喜光耐旱，为多年生木本粮食经济作物。栗园建立的好坏，直接影响着将来栗树的生长发育和结果。如果栽植不好，不仅影响成活率，而且影响以后的生长发育。为了促进栗树速生丰产，提高栗果产量质量，达到稳产高产的目的，应按照适地适树原则，做好规划设计。根据罗山县实际情况可人工营造栗园和利用野生资源建园。

一、营造人工栗园

1. 栽植地选择

板栗园的土质，一般以土层较厚的缓坡山地和土质肥沃的沙壤土、轻黏壤土为适宜。在沿河滩地两岸的冲积地上营造板栗园，栗实风味好，品质高，而且病虫害少，管理容易。坡度超过35°的陡坡不宜营造栗园。板栗丰产园立地条件见表14-1。

表14-1 板栗丰产园立地条件

立地名称	立地条件
局部地形	平原、河滩、丘陵、山地
海拔	300米以下
坡度	<15°
坡向	阳坡、半阳坡、半阴坡
土壤质地	壤土、沙壤土

立地名称	立地条件
pH	5.5~7.0
地下水位	>1.0 米
土壤含盐量	<0.2%
土层厚度	>80 厘米

2. 整地挖穴

在沿河两岸冲积地或山地缓坡地栽植，整地可采用 1 米 ×1 米 ×0.8 米的大穴。在坡度较大的山地，先整成水平梯地或用石块垒成鱼鳞坑再挖穴。具体整地时间参照"秋栽夏挖穴，春栽秋冬挖穴"。穴内要求达到树根、草根、虫卵、石砾"四净"。在沙粒大的沿河滩地建园应引进客土进行挖穴整地。

3. 定植密度

根据建园地的土壤质地和土壤肥力条件，可分为两种地形定植密度，即山区和垄岗地区土壤肥力差，土层薄或土质黏性大，根系生长差，辐射范围小，影响树冠扩张，定值密度为每亩 42 株（4 米 ×4 米）和每亩 33 株（4 米 ×5 米）；沿河滩地多属农耕地建园，土质肥沃，根系辐射生长范围大，树冠形成快，易郁闭，定植密度为每亩 27 株（5 米 ×5 米）或每亩 22 株（5 米 ×6 米）。

4. 栽植时间

每年冬春板栗落叶及新芽萌动前都可进行造林，如罗山县，12 月至翌年 2 月为最佳造林时间。

5. 栽植方法

栽植前，首先把苗木运到造林地，为确保造林成活率，先将苗木根系打上泥浆，假植背风阴凉处，栽植前在穴内填入一定数量的表土，混拌 40~50 千克杂肥，再覆一层土，就可栽植苗。栽苗深浅，以原起苗地根际处深埋 4~6 厘米为准。其栽植方法总结顺口溜是：

一手提苗一手封，苗木放在穴正中。

填土三成轻提苗，卷曲根系伸展通。

分层填土小心捶，浇水土根密接紧。

晒土堆成馒头形，造林成活有保证。

6. 栽后管理

板栗栽植后从苗高80~100厘米处定干，及时松土除草，抗旱排涝，6~7月结合灌水或雨前追施速效肥2次。

二、利用野生资源建园

河南南部山区板栗野生砧木资源较多。首先要调查清楚野生砧木的分布密度和立地条件，然后采用野生建园方法，同时做好规划设计。具体方法：

1. 砍除野生杂灌

野生小板栗树（又称茅栗）每亩要均匀地保苗30~40株，其他的杂灌木应全部砍除干净，挖出树兜，依山势进行环山水平整地，或者在茅栗树下方垒成1米²的平台，以利保持水土，便于加强管理。若野生资源分散，无法集中连片成园，可先将定植点杂灌砍掉，挖1米×1米×0.8米的穴，先把野生砧木栽上，待成活后再嫁接。

2. 嫁接

野板栗砧木根系比较发达，嫁接后一般成活率较高。嫁接方法一般为劈接和腹接，3月中旬至4月上旬嫁接最为适宜。但也有在5月上旬嫁接的，仍可成活。在树液流动之前，从优良单株上采集接穗，或随采随接，做到刀快手快，这样嫁接出来的栗树成活率最高。

3. 注意事项

一是不断清除园内杂灌，避免其与板栗争水争肥，影响板栗正常生长；二是适时解绑，设立防风柱，避免缢伤与风折；三是及时除萌，保证接芽营养供应与正常生长，以利伤口愈合；四是及时中耕除草、追施肥料、防治病虫害，保证苗木健康生长。

第十五章

板栗树的整形与修剪

一、整形修剪的目的及原则

1. 目的

整形是通过修剪，把树整成某种形状，具有良好的骨架结构。修剪是在整形基础上，根据果树发育、结果习性的需要，对树体施行某种技术措施，来调节枝条的生长与结果、衰老与更新、环境与果树之间的矛盾，达到快成树、早成形、骨架牢固、枝条分布合理、冠内通风透光、减少病虫、优质高产的目的。

2. 原则

整形修剪的原则是因树修剪，随枝作形，有形不死，无形不乱。修剪原则应掌握以轻为主，轻重结合，因树制宜。

二、修剪时期

整形修剪技术不断发展创新，当前已出现四季修剪法，不过常采用的还是冬、春、夏修剪。冬季修剪，即休眠期修剪，就是从正常的冬季落叶至春季芽萌发前修剪。板栗修剪在豫南地区以 12 月至翌年 1 月为最佳时期。春季修剪，主要是补助冬季修剪之不足。夏季修剪，也称绿枝修剪，主要以"摘心、疏枝、环剥、开张角度"为内容。

三、修剪的基本内容

修剪是对树冠内外各种枝条的正确处理。其内容有短截、疏剪和缩剪。

1.短截

就是剪去1年生枝的一段。短截有轻有重，轻短截即剪去当年生枝条的1/5~1/3；重截即剪去当年生枝条的2/3~3/4。通过短截后，下部侧芽一般抽生发育枝。有的品种的也可变成结果枝。

2.疏剪

疏剪是将枝条从基部剪除，主要是疏去病虫枝、枯枝、纤弱枝及不能利用的徒长枝、重叠枝、交叉枝等。

3.缩剪

缩剪指在2个多年生枝条中，视其位置，剪去其中一个或在多年生枝留下1个隐芽萌发的发育枝，将先端的枝条全部剪除。此法多用于板栗树实膛修剪等。

四、整形修剪常用工具

整形修剪常用工具主要有修枝剪、手锯、劈接刀、人字梯等。

五、板栗整形修剪前几种主要枝芽识别

1.棒槌码（强壮结果枝）

此枝在结果的板栗中是一种最好的枝条，一般长度在20厘米左右，直径在0.6厘米左右，顶端有3~6个饱满芽。见图15-1。

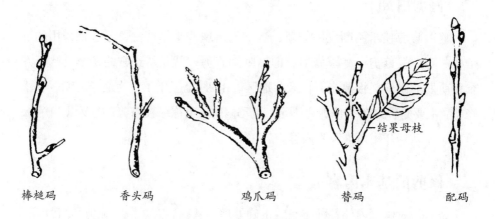

| 棒槌码 | 香头码 | 鸡爪码 | 替码 | 配码 |

结果母枝

图15-1　栗树几种主要枝芽

2. 香头码

香头码较棒槌码短而细，顶端有一个小混合芽，只有一次性开花结果能力。见图 15-1。

3. 鸡爪码

鸡爪码长度在 5 厘米以下，常有 1~3 个短枝在一起，形似鸡爪，枝梢无芽，仅基部有 2~3 个侧芽。由于生长过弱，节间短有时仅能开雄花，而不能结果。见图 15-1。

4. 替码

替码形似棒槌码，但结果后不易形成尾枝，顶端无大芽。仅基部有 2~3 个侧芽，翌年抽生成棒槌码，上部干枯而死，形成自然更新，故称替码。见图 15-1。

5. 鱼刺码

鱼刺码是当年细弱发育枝或结果母枝中，下部弱芽抽生的细弱枝。此枝在母枝两侧平行排列，形似鱼刺，故称鱼刺码。

6. 配码

在棒槌码下部选留的发育枝或雄花枝叫配码。用以分散养分，控制棒槌码过旺。配码以后也可以培养成强壮棒槌码。见图 15-1。

六、板栗不同龄期的生长与结果特点

1. 幼树

树冠上分枝生长强壮，其顶端和下面 2~3 个侧芽生长充实，萌发后能抽生较强壮的新枝，而中下部的侧芽瘦小。幼树冠外围枝条年年向外延伸，扩大树冠。4~6 年栗树基本成形。

2. 结果树

栗树成形后，即开始进入初果期。结果后，树的枝条类型和数量逐年增多。在当年生枝条中，可分为结果枝、雄花枝、发育枝和徒长枝等（其各类枝条生长情况已在前文中叙述，此处略）。

3. 衰老树

结果树的树冠，由于修剪、管理不善，结果部位不断外移，冠内弱枝得不到充足光照和营养，而逐渐衰老、变枯造成树冠内膛空缺。这时应充分利用树冠内膛由隐芽萌发的强壮徒长枝，重新形成树冠。

七、板栗树形与修剪技术

1. 板栗树形

板栗树能否稳产高产，合理的树形骨架是基础。过去，结果的多为实生栗树，没有良好的树形，加之近年来豫南地区人工栗园面积大，有多数树已开始结果。但由于修剪技术未跟上，树形紊乱，大小枝从属关系不明，结果部位外移，膛内光秃，使部分栗树未老先衰。因此，应按照栗树的生物学特性及丰产目标确定树形。一般修剪采用的主要树形有主干疏散分层形、自然开心形、自然半圆形等。

（1）主干疏散分层形　主干疏散分层形有明显的中央领导干。干高以不同立地条件而定，一般80~120厘米（含20厘米整形带），全树骨架有5~7个主枝，主枝由下而上的数目是3个、2个、2个、1个。第一层3个主枝，交错分布；第二层2个主枝，与第一层三大主枝交错分布；第三层1个主枝；最后一层1个主枝。层间距：第一层距第二层100厘米，第二层距第三层60~70厘米，各主枝应选留1~2个位置适中的侧枝，全树高控制在5米左右。见图15-2。

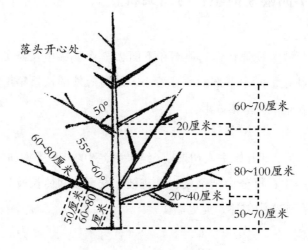

图 15-2　主干疏散分层形

（2）**自然开心形** 此种树形是由自然半圆形改造而成的。无中心领导干，通常从主干上分生 3~4 个大主枝，每个主枝上选留 2~3 个侧枝，故膛内透光较好，是一种比较丰产的树形。见图 15-3。

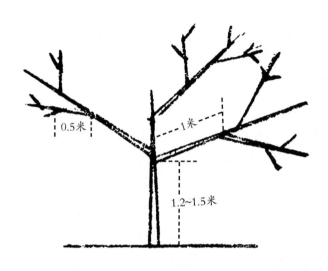

图 15-3　自然开心形

（3）**自然半圆形** 此树形在栗区较普遍，是在放任生长情况下形成的。一般主枝数目为 4~6 个，分 2~3 层，各层数目不一致。由于主枝相邻着生，故中心领导枝常被"卡脖"，使中心干生长细弱，而各主枝生长较强。枝条密集，通风透光程度差，在盛果期间，树冠呈圆头形，进入盛果期后，结果部位不断外移，枝条自然下垂，即构成半圆形树冠。由于枝条密集，内膛光照较差，致使主、侧枝提早落叶变秃，影响产量下降。为提高产量，需将其改为自然开心形。

2. **板栗树的修剪**

（1）**幼树的整形** 对于幼树，根据不同立地条件和土壤肥力情况确定修剪内容及方法。栽植当年树的定干高度，依豫南地区实际情况，在南部山区栗园内耕作较少，高度初定为 80~100 厘米；中北部栗园内以耕代抚，高度初定为 100~120 厘米（定干高度均包括 20 厘米整形带在内）。剪除饱满芽处的上方多余部分，以促成二股权和三股权骨干枝的形成。板栗幼树是指结果前及刚开始结果的小树，这个时期应以整形为主，修剪为辅。根据整形的要求，一般第一年选旺盛的新梢作中心主枝，其余密度较大的密生枝条均从基部剪去，这样连续剪 2~3 年即可将树形骨架基本修成。可尽快地培养好树冠的骨架枝（主枝、侧枝），加速分枝，提高分枝级数，缓和树势，为提早结果打下基础。选择的树形不同，整形的方法也有所区别，第二年后，根据幼树生长的特点，在保留一定树形所需骨干枝条外，其余小枝位置适中的多留少疏，以缓和树势，有利于结果枝的形成。对于幼树内膛的细弱枝条，不易转化为结果枝而且扰乱树形的，可从基部剪去。骨干枝角度开张太小的，应剪去内向枝，保留外向枝，以利扩大树冠，提高通风透光度，促进提前结果。立地条件较好、生长比较旺盛的幼树，可进行夏季修剪，视新梢生长情况一般可进行 2~3 次摘心。当年新梢生长 35~40 厘米时，进行第一次摘心，剪掉嫩梢 4~5 厘米，以后每生长 25~30 厘米时，可摘心 1 次。这样不断控制营养生长，促成二次生枝，有利雌花芽的形成。剪去的枝条包括生长过旺且扰乱树形的当年生徒长枝、骨干枝上直立生长的发育枝、过密枝以及纤细枝。幼树生长旺，发枝多，适当疏去一些枝条也是必要的，但若疏去过多，则会减少叶面积，影响养分的积累，从而对幼树的生长起到抑制作用。因此，对一些生长不旺的树应少疏枝，多留枝，以利养分的积累。留下的枝条，一般不要短剪，这些枝条的顶芽，通常能继续抽生中、长枝，而其下各节腋芽，一般多抽生中、短枝，特别是短枝，有利于形成花芽，所以板栗的各类结果枝通常不能短截。

（2）结果树的修剪　栗树进入盛果期后，由于产量连年增加，树体养分不断消耗，因此，栗树出现生长与结果的矛盾，产生大小年结果或隔年结果现象。此时修剪主要是掌握集中与分散的原则调整树势，促进强壮结果枝结果，达到稳产高产。所谓集中，是对生长衰弱树而言，其方法是通过疏剪、回缩弱枝、重叠枝、过密枝、交叉枝和结果枝，使树体养分集中使用，促进棒槌码生长；所谓分散，是对生长强壮树而言，其修剪方法是适当多留小枝，多留长枝，以分散树体养分，缓和生长势，以达到培养强壮结果母枝的目的。冬季修剪时，选择方位合适、生长势均衡的枝条作主枝，剪口下选留饱满芽。其他枝条要轻剪，注意开张角度，防止与所留的骨干枝发生竞争。第二年冬剪，要调整各主枝之间的生长势，对于角度大、生长量小的主枝，要选留开张角度小、生长旺盛的枝条作延长枝，剪口要留壮芽，主枝上多保留一些辅养枝条。

相反，对于生长过旺的主枝，要设法开张角度，选长势中庸的枝条为延长枝，减少主枝上的枝叶量，控制其增粗生长。培养骨干枝时，还要防止中央领导干的长势过旺，造成上强下弱这种不均衡的状态。因此修剪时，要控制中央领导干上的枝叶量，选用长势中庸的枝条作延长枝，并使之经常变换方向，保持树体上下均势。主枝上的侧枝，也属于骨干枝。整形修剪时，一是要注意其方位和长势；二是要随时调整它与主枝间的均衡关系，其生长势可弱于主枝而不能超过主枝。具体修剪方法是：

1）培养强壮的结果母枝　本着集中与分散相结合的原则，根据枝条类型，可采用下述方法处理：①一般情况下，把消耗养分枝条（如只开花不结果或只长叶不结果的鱼刺码）剪除，使养分集中于强壮结果母枝上。②如果树势旺，枝条壮，可在一个枝条顶端只留一个健壮的结果母枝，再选留一个中庸枝条作配码，经 1~2 年，配码即可形成良好的结果母枝。③对顶梢细弱的弱枝，仅有 1~2 个饱满芽，此枝条（俗称香头码）不易结果，可采用集中修剪法，剪去分枝，留一主枝，以培养结果母枝。④巧用替码。弱枝去掉，强枝留用。

2）适当短截　在当年抽生的枝条上，着生有发育枝、雌花枝、徒长枝和结果母枝时，经过不同长度短截后，使剪口下端的芽抽生发育枝和结果枝增强树势，不断提高产量。具体方法是：①当发育枝长度在 30 厘米以上时，枝条基部保留 2~3 个饱满芽，其余部分剪去，长度在 20 厘米以上的健壮发育枝，可不进行短截。②雄花枝上着生的雄花序部位处没有腋芽易形成光秃带，此枝条剪截时可在基部留 2~3 个芽。若长度不超过 10 厘米的短粗雄花枝，如顶芽生长饱满，易转化成结果母枝，不需短截。有些栗树生长健壮，结果母枝的中、下部侧芽容易抽生结果的正枝，当长度在 20 厘米以上时，可在饱满芽处短截，当年可抽生结果枝。若在去年的结果枝上生长的细枝条呈"尾枝"，剪时可在基部留 2~3 个壮芽，留作翌年培养结果母枝。若"尾枝"上顶芽较饱满，当年不需短截，可等其结果后，再作处理。

3）选留"娃枝"（当年生的发育枝或徒长枝）　"果娃枝"枝条短粗，顶芽饱满，2~3 年可变为结果枝；"水娃枝"枝条下粗上细、节间长、顶芽瘦弱，光抽枝不结果，属修剪对象。

栗树在进入结果期后，树势由强变弱，成枝少而短，加之雄花序枝留下的光秃带枝较多，造成结果部位外移，出现膛外枝条密、膛内枝条稀的不良现象。为避免产生上述不良现象，在适当的空间，4~5年生的枝条每隔40~70厘米留一个"娃枝"，有计划地培养成结果枝。

"娃枝"放任生长，达不到利用的目的，应加以控制。对1年生且过旺的"娃枝"，剪留长度在25~35厘米，把其1~2年后改造成结果枝。对2年生且过旺的"娃枝"，根据所留长度，应在分枝处，去强留弱。对于多年生无改造希望的"娃枝"，可全部除去，以保证膛内通风透光。

4）合理利用徒长枝　对徒长枝应改变过去一见就疏的修剪方法，坚持有空则留、无空则疏，生长正常就放、生长过旺就压的原则，合理利用徒长枝，有计划地将其改造为结果枝组，用以更新树冠、填空补缺、充实内膛，有效延长栗树的经济寿命。一般选留距主枝基部60~120厘米、背下顶侧生的徒长枝，在2/3处进行短截，以后根据生长情况采用摘心、短截、长放等修剪方法，将其培养成结果枝组。对主干上或主枝基部萌发的徒长枝一律疏除。

随着树龄的增大，产量的增多，结果枝组的生长势会越来越弱，这时要及时采取去远留近、去斜留直、去弱留强、去老留新、去密留稀、去上留下等方法，及时恢复结果枝组的生长势。另外，结果枝组之间也在不断发生着变化。辅养枝可变成大中型枝组，大中型枝组又在一定条件下可演变为中小型枝组。相反，一些中小型枝组也可演变为大中型枝组。无论枝组发生何种变化，应视其所在位置、空间和体积的大小，加以适当的调整，保证树体的健康生长和正常结果。

（3）粗放管理栗树的修剪　豫南地区老栗园，由于过去管理粗放，树势强弱不一，树形和主侧枝分布不合理，造成盛果期产量低而不稳。树上多产生骨干枝轮生、重叠、结果部位外移，内膛小枝细弱或接近枯死，顶端鸡爪枝密集等现象。对于此类放任生长的栗树，在修剪时，应分年疏去过密的大型骨干枝，使其通风透光，再疏去中小枝、回缩过长枝、已枯焦的枝条。待新型枝条长成后，再对结果枝进行正常的修剪管理，以平衡树体的营养生长与生殖生长的关系。另外在加强肥水管理、做好病虫害防治和防止自然灾害外，整形修剪也是一项重要的技术措施。

对于花芽过多的大年树，应加重疏除多余花芽，短截部分发育枝，适当长放一些 1~2 年生枝，更新部分老结果枝组，使树冠内的大、中、小结果枝组有一个适当的比例。在一定范围内，短截中长枝，花芽密处重稀、稀处轻疏、无花芽处多缓放，尽量增加叶芽数，使花芽与叶芽间的比为 0.5：3，修剪要将连年长放的结果枝组进行回缩，并疏除一些细弱、质量较差的花芽或结果枝。对于树冠延长枝，应把一部分长放，另一部分在饱满芽处短截，并疏除过密枝。

对于小年树，结果枝要轻剪，副梢的花芽也要保留。凡能结果的枝，尽量保留以增加小年产量。对于上一年因结果多而第二年无花的枝，依照其生长情况，应将一部分枝组适当回缩更新，促使生长转旺。对新梢要多行短截，促使其多发枝，对于下垂枝要抬高角度。对重叠、交叉、密生枝，应根据花芽量的多少以及对周围枝条的影响程度，及时或疏或缩进行处理。总之，小年树需要适当重截重缩，使树势转强，以免秋季再形成过多的花芽，造成栗树结果的大小年现象。

在良好的管理条件下，只有通过修剪，控制和调节花芽与叶芽的正确比例，才能使养分积累和消耗相对平衡。板栗进入盛果期后，随着产量的不断增加，树势渐渐变弱，抽生的生长枝亦减少，所以这个时期除增施肥料来大量结果外，还要充分运用修剪技术来调节树体结果与生长之间的矛盾。在修剪时，对生长枝要尽量保留，特别是树冠内膛抽生的生长枝更为宝贵；同时对这些生长枝进行轻短截，以促进分枝，培养新的结果枝组，更新衰老的结果枝组。总之，生长枝的修剪应以轻短截为主、疏剪为辅。

（4）老树的更新复壮修剪　板栗老树消耗体内的营养物质，造成树势减弱、叶芽抽枝力不强，迫使板栗树体老化、枯枝多、新梢渐少，随着时间的变化，树冠不断缩小，中、短结果枝群逐渐由内向外推移，结果枝集中分布于树冠的外围，结果少，产量低，品质差。另外，老化的板栗树，抗逆性弱，免疫力差，最易被病虫害侵染，致使板栗树过早衰老以致枯死。

为使老龄树结果不衰，必须进行更新复壮，以恢复树势，使之多结果、结好果、长结果。老树更新复壮的方法是：第一，将无生命力的枝条和已枯死的枝条疏除，迫使树体的隐芽抽枝，形成新的树冠；第二，充分利用树冠内的徒长枝，将其轻剪长放培养成为树体的骨干枝，促使徒长枝多抽生中、短果枝群，以补充内膛枝，从而形成立体结果结构；第三，对于地上部分不能再生新枝的主枝干或因种种原因造成地上主干死亡而在根颈处又有新生萌蘖条的，如果萌蘖条生长很旺盛，可将主干锯掉，让新萌蘖条形成新植株更新老主干。这个后代植株利用前一代新的庞大根系，可很快生长发育成为健壮的树，再辅以其他管理措施，更新的植株比同龄栽植的板栗树要提早结果2~3年。见图15-4。

图15-4　老板栗园更新复壮

（5）板栗矮密早丰产园的整形修剪　板栗矮密早丰产园结果早、产量高、效益好，具有广阔的发展前景。但板栗矮密早丰产园树冠郁闭早，常影响栗园产量。通过整形修剪，控制树冠的迅速扩张，是实现板栗矮密早丰产园高产高效的重要措施。早春定植后，在40~60厘米处定干，从当年在剪口下抽生的新梢中选留2~3个枝条培养骨干枝，夏季反复摘心，增加枝叶量，扩大光合面积。对骨干枝的延长枝从中部饱满芽处短截，剪口下可抽生3~4个生长旺盛的新梢，冬剪时将第一个生长最旺的枝条从基部疏除，选留第二个枝条作骨干枝的延长枝，同时采用撑拉的方法开张枝角，培养侧枝和结果枝组。及时疏除过密枝、病虫枝、交叉枝和重叠枝。

为充分利用空间，应在主侧枝上直接培养结果枝组。结果枝组的修剪以轻剪和摘心为主，对扩展较快的强旺枝组及时回缩至有分枝处，达到维持产量和控制树冠的目的。当树冠扩展到一定程度、控冠难以实现时，可采用隔行更新的办法控制树冠，即每隔一行重回缩一行，大枝保留30~50厘米。回缩后从锯口下抽生的强旺枝条中选留3~4个培养骨干枝，其余全部疏除；对保留下来的骨干枝，夏季反复多次摘心，控制生长，待2~3年板栗产量恢复后，再对另一行进行回缩更新，从而达到高产稳产与控制树冠的目的。

　　为防止栗树衰老和未老先衰，在栗树大量结果后，就应对大枝和中枝经常更新。其修剪法可用实膛修剪，采用交替更新。在有发展的空间及枝头生长健壮的情况下，使其继续向外延伸。如枝头变弱，大量出现鸡爪码、香头码时，就应回缩，为不影响产量，提前培养更新枝，待更新枝长出棒槌码，产量增加，可再进行回缩。这样缩放结合，交替更新，既有产量，又能促进栗树复壮。也可采用先培养"娃枝"、后换头的方法来复壮树势。

　　（6）衰老树的修剪　栗树过了盛果期，树体新梢生长变得细弱，枝条大量干枯，出现鸡爪码，这就标志着栗树已衰老。对于这类衰老树需采用重更新方法，促使其重新形成树冠。具体措施是：①拉"挡子"，即对于骨干枝过多的树，首先在树周围巡视观察骨架如何安排，确定选留大枝位置并去掉多余大枝，使树冠开张，膛内空间加大，促进内膛抽生徒长枝结果。②缩"膀子"。若树冠过大而且内膛光秃，在有徒长枝的前端回缩枝头。③留"果娃枝"，对于树势较强的衰老树，内膛又有空间时，隔一定距离选留一定数量的"果娃枝"，并把"水娃枝"剪掉。通过上述简易措施，新树冠在3~5年就会重新形成，之后将其转入正常管理，使其早结果，早丰产。

　　对于过去修剪或清膛修剪不合适的，视其树势情况，不要大拉大砍，采用小更新的办法，逐年改造，以达到全树更新的目的。

第十六章

板栗园管理技术

一、土壤深翻

在山区和垄岗地区营造栗园，由于土壤瘠薄，透气性差，栗树新根不易向四周生长辐射，造成栗树生长不良，达不到早结果早丰产的目的。因此，每年秋冬季应给栗园进行土壤深翻1~2次。方法是：在山区陡坡或水土流失严重地方，冬季可在栗树周围用石块垒成树盘或依据地形挖成水平梯地，再用大锄或铁锨根据树冠大小，将土壤深翻20~30厘米，使其越冬风化，冻死越冬害虫，增加土壤肥力。在沿河滩地可利用以耕代抚的办法进行常年管理。

二、土壤施肥

板栗树体各组织内含有氮、磷、钾、铁、锰、硼等矿质元素。缺氮造成树体营养不良，枝条基部叶片黄化，严重时落花落果；翌年花芽分化不良，降低产品质量，降低抗逆性和贮藏性。缺磷造成根系生长细弱，叶片变小，出现紫色或红色斑点。缺钾造成新梢生长细弱，叶梢和叶缘呈褐色枯斑卷曲枯死。缺铁影响叶绿素形成，叶肉部分失绿变黄。缺硼使花芽分化不良，受精不正常，板栗空苞率高。缺锰，从叶边缘向主脉褪色，叶脉为绿色，严重时叶缘有烧斑。适量追肥能避免上面出现的各种症状。

根据板栗生长发育，果实丰产丰收一年大体需施肥4次：①4月根据树体大小每株施尿素0.5~1千克，或施人粪尿50千克。②在6月中旬雌雄花开后，体内养分大量消耗，正值幼果开始发育和翌年花芽开始分化期，可施氮、磷、钾复合肥料。③7~8月是板栗果实迅速发育、营养物质积累和果内重量增加的重要时间。此时可每株施尿素 0.5~1 千克，或人粪尿 100 千克、过磷酸钙 1~2 千克、氯化钾 0.5~1 千克。④ 9~11 月，果实采收后，结合土壤深翻，每株施充分腐熟的厩肥或土杂肥等有机肥料 50~100 千克，以恢复树势，促进花芽分化，给来年板栗丰产丰收打下基础。也可按产果量多少确定施肥量。就氮、磷、钾三要素而言，每生产 100 千克栗实，需要氮素 3.2 千克，磷素 0.76 千克，钾素 1.28 千克。每生产 1 千克栗实需 5 千克有机肥。春季大树每株施硼肥 0.3 千克，小树施 0.1 千克左右，2~3 年内空苞率下降到 5% 以下。

除上述施肥时间和施肥量外，也可在栗园种植豆科类作物、紫穗槐等绿肥，以便增加有机肥料和扩大肥源。因地制宜采用环状沟施肥、放射沟施肥或穴状施肥，也可喷施叶面肥进行根外追肥。有条件时，在生长期叶面喷施 0.1% 的硼肥可预防栗蓬空苞，提高坐果率。

1. 环状沟施肥

在树冠垂直投影外缘，挖深、宽各 30 厘米的环状施肥沟，将肥料混土后施入沟内，然后覆土。环状沟位置应逐年外移。

2. 放射沟施肥

以树干为中心，在树冠周围等距离开挖 6~8 条放射沟，放射沟里浅外深（20~40 厘米）、里窄外宽（40~50 厘米），将肥料与土混拌后施入沟内，然后覆土。施肥位置应根据树木生长情况逐年外移并不断更换方位。

3. 穴状施肥

沿树冠垂直投影外缘均匀开挖 6~8 个深 30 厘米的施肥穴，肥料拌土施入，然后覆土。施肥位置应根据树木生长情况逐年外移并不断更换方位。

4. 根外追肥

根外追肥又叫叶面喷肥，是将化肥稀释成一定浓度的液肥，喷洒到叶片上，通过叶片吸收后输送到树体的各个器官的施肥方法。它具有操作简便，省工、省肥，吸收快、吸收率高，可与农药混施等优点。叶面喷肥浓度不宜过高，以 0.1%~0.5% 为宜。叶面喷肥应选择微风、无雨天气，每天以 10：00 前、16：00 以后进行较好，不宜午间喷洒，以免引起肥害。

三、土壤水分管理

水是植物细胞的主要组成成分，板栗的生命活动都与水有极密切的关系。缺水时叶萎蔫，气孔关闭，不能吸收二氧化碳，影响光合作用。水分过多时，土壤孔隙间氧气减少，造成土壤通气不良，抑制根系呼吸作用，直至根烂树死。豫南地区6~8月是多雨季节也是板栗生长发育、果实养分增加形成的关键时期，因此在栗区内特别是中部土壤黏重的栗区内加强排水是确保栗树正常生长的重要一环。在长期干旱的地方结合施肥进行灌水，灌水量大小应以浸透根系分布层为宜。

1. 灌溉时期

板栗园地灌溉次数与土壤理化性状、降水量等条件有关。根据板栗树体在一年中的生长规律，大致可分为以下几个时期：

（1）花前期　此时灌水主要是满足萌芽、开花、新梢生长的需要。应在萌芽后至后开花前灌一次透水。

（2）花后期　为了减少落花落果，促使幼果膨大，加强叶片和新梢的生长，应在谢花后至生理落果前灌水1~2次。在开花期间绝对不能灌水，否则会造成大量落花落果，影响产量。

（3）果实生长期　6~8月是板栗果实迅速生长和花芽大量分化期，这段时间往往降水又少，应结合追肥灌水2~3次。伏牛山西部地区降水集中分布在7~9月，可根据实际情况减少或免去灌溉。

（4）果实采收后　果实采收后树体处于营养物质积累阶段，应视天气情况，结合追肥及秋施基肥进行灌溉。

2. 灌水量

灌水量应视板栗树冠的大小、土质、土壤湿度及灌水方法而定，如大树应比小树灌水多，沙地保水能力差，应少量多次进行灌水。此外，降水量和蒸发量也是灌水多少的重要依据。一般情况，灌水量应掌握在以浸透根系分布层70~100厘米，即达到田间最大持水量的60%~80%为原则。水分过多，土壤通气条件差；水分过少，不能满足树体需要。

3.灌水方法

（1）地面灌水 地面灌水可分为穴灌、沟灌、树盘灌、分区灌等。地面灌水方法简便易行，但耗水量大，灌后容易造成土壤板结。因此，灌水后应及时中耕。

（2）地下灌水 地下灌水是利用埋设在地下的多孔管道输水，水从孔眼中渗出浸润土壤。这种方法可以克服地面灌水的一些缺点，但是，一次性投资较大。

（3）喷灌 喷灌是近 20 年来发展较快的一种灌溉方法。优点是省水、省工、省修渠所占的土地（可省 7%～13%），能保护土壤结构，调节园地小气候，还能缓解降温、高温和干热风所造成的危害。也可与喷肥、喷农药和生长素等结合进行。

（4）滴灌 滴灌即用埋设在土壤中的低压管道系统，使水点滴地、缓慢地、经常不断地浸润板栗树根系分布最多的土层。滴灌是目前灌溉方法中，用水最省、效率最高的一种，适于在缺水、干旱地区使用。

4.园地排水

积水的园地，因土壤水分过多、氧气不足，抑制了根系呼吸，从而降低了根系吸收功能。严重缺氧时，会引起根系腐烂死亡。因此，园地管理过程中一定要注意排水。

平地建园可顺地势在园内或四周修排水沟，将多余的水排出园外，也可采用深沟高畦（台田）的方法，既能排出地表水又能降低地下水位。山地主要是做好水土保持工作，使其既能保持水土又能将多余的水排出。

对已受涝害的板栗园地，要先排除积水，再将树体根颈部的土壤扒开晾根，要及时松土散墒，使土壤通气，促使根系功能尽快恢复。

四、中耕除草

在板栗生长季节进行中耕除草，可切断土壤毛细管，减少土壤水分蒸发，改良土壤通气条件，促进土壤微生物活动，避免杂草与板栗树争夺养分。因此，要做到有草必锄，雨后必锄，灌水后必锄。中耕深度，一般在 6～10 厘米，严防锄伤幼根。也可用化学除草剂进行除草，如用利谷隆每亩 0.3 千克可消灭多种双子叶和1年生禾本科杂草。见图16-1。

图16-1　中耕除草

五、树体保护

1. 树体伤口治疗

由于病虫危害、不合理修剪、人为折枝、栗园间作、牲畜糟蹋、风折、日灼等造成树体出现伤疤、洞口、腐烂等，影响栗树正常成长。因此，在防治方法上先用快刀把伤口四周刮净削平，用3%~5%硫酸铜液进行消毒，再涂0.1%α-萘乙酸膏防腐剂加以保护。

2. 树干涂白

冬季对栗树进行涂白，可消灭越冬代病虫及破坏其越冬场所，同时可保持树体温度，并防止牲畜啃树皮造成新伤口。

六、花果保护

保花保果和疏花疏果是相辅相成的技术措施。结果期的板栗产量低而不稳，原因是多方面的，如树势弱、养分供给不足、病虫危害、土壤及树体管理跟不上等因素。部分树虽能开花而坐果率低或不坐果，更谈不上按科学规律疏花疏果了。板栗有两次落果，即7月底以前落果为前期落果，主要是果枝细弱和营养不足；8月以后落果为后期落果，主要是授粉受精不良，导致栗苞早期脱落。因此，应加强肥水管理，增强树体营养，防止树冠郁闭，改善通风透光条件。若授粉树配置不合理时，采用人工辅助授粉、按时防治病虫害等技术措施，防治落花落果。人工辅助授粉，应掌握可适期，板栗雄花先开，雌花后开，花期约持续一个月，在雌花柱头分叉成30°~45°的时候，为最佳授粉期。据观察，板栗雌花开花后6~10天出现柱头，之后8~12天柱头分叉，分叉后10~15天柱头展开，从柱头展开到开始反卷约4天。具体来说：从柱头露出后7~26天为授粉可适期。用不同的花粉进行人工授粉，结果率一般在60%以上，如果授粉时间掌握得好，花粉生活力高（在0~5℃低温条件下贮藏的花粉生活力可保存9个月左右），经授粉后结果率可提高到90%以上。而在同品种或同一株花上的花粉授粉（自花授粉），坐果率仅有30%左右。板栗雄花5月下旬至6月上旬开花，花期为13天左右，在开到8~12天时，雄花序基部的雌花开始开放，因此，掌握准确授粉期进行人工辅助授粉，加强花、果管理是提高产量的关键。

七、板栗低产林改造

1. 低产林的定义

板栗低产林是与高产林相比较而存在的，各地划分标准不一。低产林主要是指生产能力没有发挥或没有充分发挥的林分。

2. 低产林的分类

根据立地条件、产量水平等可以将板栗低产林分为4类。一类林为立地条件好、林相整齐、经营水平较高、年亩产板栗200千克以上的林分；二类林为立地条件较好、经营水平一般、林相不整齐、年亩产板栗150~200千克的林分；三类林为立地条件一般、林分老化衰败、长期荒芜、年亩产板栗在50~100千克的林分；四类林为立地条件差或长期与其他树种混生，处于自然生长状态，年亩产板栗50千克以下的林分。

对一、二类林主要采取深挖垦复、开竹节沟、合理施肥等措施，加以改造，提高单产。对三类林选择立地条件较好、具有开发潜力的实施良种更新。对四类林可考虑按分类经营的要求转化为生态林或其他林种。

3.具体技术措施

针对以上原因，提出10条具体技术措施，根据不同立地条件和林分情况有选择地使用。

（1）林地清理　伐除板栗林内灌木、杂草、寄主植物和其他混生的用材林、经济果木林树种。对于有杂灌的林地，要一次性全面彻底地清除，有利于后续作业。在清理林地时，不但要清除杂灌，而且对板栗的老、残、病株也要一并砍掉。

（2）土壤改良　低产林大多是处于野生状态，粗放经营管理，长期呈荒芜或半荒芜状态。林地荒芜严重，杂灌丛生，土壤板结，产量下降。通过深挖垦复，挖除一切杂灌树蔸，抑制杂草的生长，减少或清除与板栗争夺养分的对象。垦复要全面，垦复深度要在20厘米以上，只有深挖才能真正见效。垦复方法同新造林。

（3）保水保肥　水平竹节沟能使整个坡面的径流形成分段截流的格局，既防止形成地表径流，增加了地下径流，又可蓄水延长地下径流时间，提高土壤含水量和稳定性。同时，可阻滞部分表层肥土和林地凋落物，防止养分的损失。竹节沟要组织专业队，逐山统一放线，确保水平竹节沟的规整和合理设置。沿环山水平线开挖竹节沟，沟底宽50厘米、深40厘米，节长因地势而定，可长可短，以最小投工为原则，但不宜太短，太短不成沟而变为洞，一般要求在1.5米以上。沟距依林坡度大小而定，坡度大于15°的上下沟距8米，坡度15°以下的沟距10米。最上一条竹节沟应设置在山顶往下7~8米处，最下一条竹节沟的定线应在山脚板栗林边缘以上的4~5米处。

（4）改密林、疏林为密度适中林　对株行距整齐而过密的板栗林可酌情隔行或隔株逐步间伐。对株行距离不整齐而过密的板栗林可按预定的株行距水平环山垦复成带（或梯），带（或梯）外的板栗砍除。对于间伐行或间伐株位置上的好树，可以暂时保留，分批淘汰；对于保留行或保留株位置上的劣树，如无保留价值，则一次挖掉，以优株大苗或较有希望的幼树补植；对于有保留价值的劣株（如长势旺盛可用作砧木者）可采优树枝条，实行高接换种。对林间空地大的稀林，定点补植良种壮苗或移栽大树。栽植点上原有的好树保留，差的砍掉（或换冠），空的补上。最终，保持林中郁闭度在0.7~0.8。

每年在垦复、复铲、施肥的同时，对补植幼树要进行特别管理，促使其快速生长。

（5）**整形修剪**　由于长期荒芜和疏于管理，林冠郁闭紊乱，枝头密生，交叉重叠，徒长枝、萌发枝、病虫枝、重叠枝、内膛细弱枝、下脚枝、下垂枝等较多。这些枝条影响垦复、施肥、开沟等作业，消耗营养但不结果或结果少，影响林内通风通光性，形成病原载体，因此很有必要进行修剪。修剪方法是随树设形，用抹芽、摘心、环割、短截、疏枝、撑枝、拉枝的修剪措施，使枝条分布均匀，树冠通风透光，内膛外围都结果，提高产量和质量。一些老林，树冠严重郁闭，细弱、徒长、病虫及枯枝多，要重修剪和截枝更新，可于早春 2~3 月板栗林将要萌发时进行。重修剪是除骨干枝以外（包括 1~3 级骨干枝）的其他枝条全部一次性剪去。截枝更新则是除主干以外，对所有的侧枝，包括首轮、二轮和一级骨干枝在内，全部截枝处理。必要时，可连同首轮、二轮中部以上主干全部截去，使树冠全部更新复壮。见图 16-2。

图 16-2　板栗林更新复壮

（6）**合理施肥**　板栗林生长发育不良，产量偏低，与土壤严重缺肥有很大关系。

因此，综合垦复，增施一定的肥料，是大幅度提高板栗林产量的关键技术措施。施肥时可遵循以下几条原则：大年以磷、钾肥为主，小年以氮肥为主；秋冬以有机肥为主，春夏以速效肥为主；大树多施，小树少施；丰产树多施，不结果或结果甚少的树少施或者不施；生长势强的树少施氮肥，多施磷、钾肥，生长势弱的树要多施氮肥；立地条件好的、生长势强的林分多施磷、钾肥，立地条件较差、生长势弱的树多施氮肥。施肥量以尿素 20~30 千克 / 亩，磷肥 40~60 千克 / 亩，钾肥 10~20 千克 / 亩，有机肥 500 千克 / 亩为度。施肥方法同板栗新造林。

（7）改老残林为新林　对于品种类型较好、株行距较均匀、生长势不过度衰老的低产林，可用截干萌芽更新或用火烧萌芽更新。对于品种差、林相乱而尚有一定产量的林分，可选育良种壮苗，定行、定点栽植，在点上的老树或劣株砍除，不在点上的老树分批砍去。但栽植的幼树必须保证有必要的阳光，其上方遮光的老树枝务必砍除，侧方庇荫的枝条需适度修剪，以利幼树苗茁壮成长。最好用 3~5 年生大苗造林，增施肥料，并严防病虫危害。对于病虫严重、植株稀疏不齐、生产能力极低的板栗则全砍、全垦，重新造林。对于一些因根系严重损伤、病虫危害等原因而造成的低产板栗林，应及时换砧。方法：在距基干 20~40 厘米处呈"品"字形排列定植一年生板栗砧苗，茎干向内倾斜。砧苗成活后，在板栗嫁接季节，用倒切腹接法嫁接，使小砧苗成活形成庞大根系。见图 16-3。

图 16-3　低产板栗林改造

（8）高接换优　对品质差、产量低、病虫害严重的低产栗林，采取高接换头的方法，在低产大树上高接优良品种，提高产量和品质。具体方法：在维持原树体骨架的基础上，结合实际情况，按照自然开心形、主干疏散分层形、变侧主干形的树形要求进行锯砧，并将多余的大枝、病虫枝全部疏除，采取插皮接的方法进行嫁接（具体嫁接方法参照前文），如砧木较粗，可沿砧木周围均匀嫁接 2~4 个接穗。嫁接后及时除萌，适时解除绑扎物、绑防风柱。当新梢长到 30 厘米时进行摘心，根据栗树生长情况可反复摘心 3~4 次，加速树冠成形。结合调整密度去劣留优；对长势较旺盛的板栗采取高接换种或萌条嫁接良种；对老残林，结合老林更新，选育良种壮苗重新造林。嫁接更新造林宜用多系配置，选取系间亲和力高的配组，混系造林或配系嫁接换种，以获得异株异花授粉成果率高等效果。高接换种方法：截枝更新的同时，在首轮分枝上 40~50 厘米处截断。对较小的板栗树，在首轮分枝枝上 20~30 厘米处截断。每个主枝以及主干上，各接良种接穗 1~2 枝（芽）。如果是大树，则将首轮分枝的Ⅱ级侧枝从 15~20 厘米处剪断，每个枝条及主干上，各接良穗 1~2 枝（芽）。嫁接完毕后，要切实加以保护，促其迅速生长。见图 16-4。

图 16-4　低产板栗林高接换优

（9）衰老树更新复壮　对轻度衰老树，按自然开心形或主干疏散分层形树形要求，选留 3~5 个主枝，将其回缩至 1/3~1/2 有分枝处，疏除直立枝、过密枝、交叉枝和重叠枝，更新分三年完成，每年更新总量的 1/3。对严重衰老的栗树，可根据树形要求，将选留的主枝一次回缩至 2/3~3/4 处，其余大枝全部疏除。翌年从萌发的新枝中选择方位好、发育健壮的枝条培养主侧枝，多余的枝条疏除。更新后，加强栗园管理和伤口保护，加强夏季摘心，促其多发枝，以尽早恢复树势，早结果，早丰产。

（10）防治病虫害　防治病虫害要贯彻防重于治的原则，以营林技术措施为基础，生物措施和药物防治相结合，进行综合防治。严格掌握密林疏伐、整枝修剪、林地清理等技术标准。疏伐要合理，老、弱、病、残株要全部剪掉，彻底清除病源。施氮肥要适度。

立地条件较好、生长势旺的林分，要少施氮肥，防止营养生长过旺而有利于病虫害的发生。

大树高接换优和老树更新复壮后应加强管理：一是加强土壤管理，进行深翻改土，复壮根系；二是加强肥水管理，促进树势恢复；三是加强病虫害的预测预报和虫情防治，保证树体健康生长，见图16-5。

图16-5　板栗病虫害调查

第十七章

板栗主要病虫害防治

危害板栗的病虫害种类很多，单就板栗害虫来说，据载，在我国专性及兼性危害板栗的害虫达 67 种之多，危害板栗病害约 10 余种。根据经验，在豫南地区对板栗危害严重的病虫害，或者造成严重性减产的，作为我们的主要防治对象。板栗害虫有栗大蚜、栗瘿蜂、栗绛蚧、淡娇异蝽、栗实象鼻虫、剪枝栗实象、板栗雪片象。板栗病害有板栗干枯病、板栗实腐病。现分述如下：

一、栗大蚜

栗大蚜别名梨枝大蚜、栗大黑蚜、板栗大蚜、黑大蚜。

1. 分布

国内主要分布于吉林、辽宁、北京、河北、山东、陕西、河南、安徽、江苏、浙江、湖北、湖南、江西、福建、广东、广西、贵州、四川、云南、台湾等栗产区。河南省主要分布于信阳、南阳、驻马店、洛阳、新乡、安阳等地。信阳市主要分布于浉河区、平桥区、罗山县、新县、光山县、商城县、固始县等地。栗大蚜在我国北方板栗产区危害较为严重。

2. 危害特点

栗大蚜主要危害板栗、白栎、麻栎、橡树、刺槐等。以成虫、若虫群集新梢、花、嫩枝和叶背面吸食树液危害，也危害栗苞及果梗，影响新梢生长和果实成熟，常导致树势衰弱，同时诱发煤污病，是危害板栗的主要害虫之一。

3. 形态特征

（1）成虫　胎生无翅孤雌蚜体长 3~5 毫米，黑色，有光泽，体背密生细长毛，胸部窄小，腹部肥大呈球形，足细长，腹管短小，尾片短小呈半圆形，上生短刚毛。胎生有翅孤雌蚜体形略小，黑色，腹部色淡。前翅中部斜向后角处有2个白斑，前缘近顶角处有1个透明斑；腹管、尾片同胎生无翅孤雌蚜；翅痣狭长，翅膜质黑色。翅有两型：一型翅透明，翅脉黑色；另一型翅暗色，翅脉亦黑色。

（2）卵　卵为长椭圆形，长约1.5毫米，初产时暗褐色，后变黑色，有光泽。单层密集排列在主干背阴处和粗枝基部。

（3）若虫　若虫体形似胎生无翅孤雌蚜，但体形较小，色较淡，多为黄褐色，稍大后渐变为黑色，体较平直，近长圆形。胎生有翅孤雌蚜胸部较发达，具翅芽。

4. 生物学特性

栗大蚜在豫南地区1年可发生10代，以卵在枝干芽腋及裂缝中越冬。翌年3月底至4月上旬越冬卵孵化为干母，密集在枝干原处吸食汁液，成熟后胎生无翅孤雌蚜繁殖后代。4月底至5月中旬达到繁殖盛期，也是全年危害最严重的时期，并大量分泌蜜露，污染树叶。5月中下旬开始产生有翅蚜，扩散至整株特别是花序上危害，部分迁至夏寄主（如刺槐）上繁殖、危害。8月下旬至9月又迁回栗树继续孤雌胎生繁殖，常群集在栗苞、果梗处危害，形成第二次危害高峰。10月中旬以后出现两性蚜，交配后产卵越冬。板栗大蚜在平均气温约23℃、相对湿度70%左右繁殖较快，一般7~9天即可完成1代。平均气温高于25℃、相对湿度80%以上，虫口密度逐渐下降。遇暴风雨冲刷会造成大量栗大蚜死亡。

5. 发生情况

发生严重时，会导致树势衰弱，落花落果严重，板栗产量减少。

6. 防控措施

（1）营林措施　冬春季可进行合理修剪，清除弱枝、病枝、密枝，增强通风透光，增加水肥供应，提高树生长势。

（2）物理防治　①刮去老树皮、人工除卵。②利用有翅雌蚜的习性，用黄板诱杀。③越冬卵近孵化期，涂刷5波美度的石硫合剂。

（3）生物防治　①利用各种捕食性瓢虫、草蛉、食蚜蝇、蚜茧蜂和鸟类等天敌，控制其种群数量。②在成虫和若虫期均可用1%苦参碱2 000倍液喷雾防治。

（4）化学防治　①越冬卵孵化盛期，用2.5%高渗吡虫啉乳油3 000倍液进行喷雾防治。②若虫盛发期，用10%吡虫啉可湿性粉剂或25%噻虫嗪可湿性粉剂2 000~3 000倍液或3%啶虫脒乳油2 000倍液或2.5%溴氰菊酯3 000~4 000倍液或50%抗蚜威可湿性粉剂2 000倍液进行喷雾防治。③5月中旬至6月上旬喷洒蚜虱净1 500倍液；6~8月，用4.5%高效氯氰菊酯乳油2 500倍液喷雾防治。

二、栗瘿蜂

栗瘿蜂别名栗瘤蜂。

1.分布

我国大部分板栗产区均有分布。河南省分布于安阳（林州市）、南阳（桐柏县、西峡县）、驻马店（确山县、泌阳县）、信阳（浉河区、平桥区、罗山县、光山县、商城县、新县、潢川县、固始县）等地。

2.危害特点

栗瘿蜂主要危害板栗。幼虫危害芽和叶片，形成各种各样的虫瘿，使被害芽不能生长成健康枝条，直接膨大形成瘿瘤。瘿瘤呈不规则圆球形，紫红色或绿色，有时也在瘿瘤上长出畸形叶片。秋季变成橘黄色，每个瘿瘤上留下1个或数个圆形出蜂孔。自然干枯的瘿瘤在一两年内不脱落。果树受害严重时，树上瘿瘤比比皆是，很少长出新梢，不能结实，造成树势衰弱，枝条枯死。

3.形态特征

（1）成虫　成虫体长2~3毫米，翅展4.5~5.0毫米，黑褐色，有金属光泽。头短而宽。触角丝状，14节，基部两节为黄褐色，其余为褐色。胸部膨大，背面光滑，前胸背板有4条纵线，小盾片钝三角形向上突起。两对翅膜质白色透明，翅面有细毛。前翅脉褐色，无翅痣。足黄褐色，有腿节距，跗节端部黑色。产卵管褐色。仅有雌虫，无雄虫。

（2）卵　卵呈椭圆形，乳白色，长0.1~0.2毫米。末端有细长柄，呈丝状，长约0.6毫米。

（3）幼虫 幼虫体长2.5~3.0毫米，乳白色。老熟幼虫黄白色，体肥胖，略弯曲。头部稍尖，口器淡褐色。末端较圆钝。胴部可见12节，无足。

（4）蛹 离蛹，体长2~3毫米，初期为乳白色，渐变为黄褐色。复眼红色，羽化前变为黑色。

4. 生物学特性

栗瘿蜂在豫南地区1年发生1代，以幼虫在被害芽内越冬。翌年4月初栗芽萌动时，幼虫开始取食危害。被害芽不能长出枝条而逐渐膨大形成坚硬的木质化虫瘿瘤。幼虫在瘿瘤内做虫室，继续取食危害，老熟后即在虫室内化蛹。每个瘿瘤内有1~5个虫室。5月下旬至7月上旬幼虫化为蛹。6月中旬至7月上旬成虫羽化，6月末至7月初为成虫羽化盛期。成虫羽化后在虫瘿内停留10~15天，完成卵巢发育，然后咬1个圆孔从瘿瘤中钻出来。成虫出瘿后即可产卵，孤雌生殖。成虫在当年生枝条顶端的饱满芽内产卵，一般从顶芽开始，向下可连续在5~6个芽内产卵。每个芽内产卵1~10粒。卵期15天左右。幼虫孵化后即在芽内危害，9月中下旬开始进入越冬状态。

栗瘿蜂的发生有周期性，影响因素：①天敌寄生蜂对其有较强的抑制作用。②气象因子影响种群数量，如降水、风向、风速等。成虫发生期若降雨量大，持续时间长，成虫溺死在瘿内或被冲刷到地上，死亡率高，翌年果园受害轻。③栗园管理不同，发生危害不同，管理粗放，危害严重。④不同品种的果树，抗虫害能力不同。

5. 防控措施

（1）检疫措施 没有栗瘿蜂的地区种植栗类植物时要做好检疫工作，严防栗瘿蜂随苗木携带传入，防止人为传播扩散。

（2）营林措施 栗瘿蜂主要在树冠内膛郁闭的细弱枝的芽上产卵危害，因此在修剪时，进行清膛修剪，将细弱枝消除，能消灭其中的幼虫。在新虫瘿形成期，应及时剪除虫瘿，消灭幼虫。

（3）生物防治 保护和利用寄生蜂是防治栗瘿蜂的最好办法。在寄生蜂成虫发生期间，不要喷洒任何化学农药。

（4）化学防治 ①4月幼虫开始活动时，用10%吡虫啉乳油涂树干，或用其原药每株注射树木基部10~20毫升，利用药剂的内吸作用，防治栗瘿蜂幼虫。②6月栗瘿蜂成虫发生期，可用50%杀螟松乳油1000倍液或90%敌百虫晶体1000倍液或2.5%溴氰菊酯乳油1000~2000倍液喷雾防治栗瘿蜂成虫。

三、栗绛蚧

栗绛蚧别名板栗大球蚧、栗红蚧。

1.分布

国内分布于河北、山东、山西、陕西、河南、安徽、湖北、江西、湖南、江苏、浙江、福建、广东、广西、贵州、四川等地。河南省主要分布于南阳、信阳、驻马店等地。

2.危害特点

栗绛蚧危害板栗、油栗、茅栗和锥栗等，但主要危害板栗。以若虫和雌成虫在栗树2年生细枝条上汲取汁液进行危害。4~5月危害严重，影响植株生长发育，降低结实量，严重时栗树会绝产甚至枯死。

3.形态特征

（1）成虫 雌虫介壳扁圆球形，黄褐色，体径4.5~6.5毫米。虫体近球形，初期为黄绿色，背面稍扁，体壁软而脆。虫体老熟后，体色加深，体背逐渐隆起，背面有5~7条黑色横带，前3条较宽，横带前、中部各有1对黑色斑。腹部与臀部分泌白色絮状物。雄虫体长1.5~3.5毫米，棕褐色，触角丝状，10节。前翅淡棕色，透明，进而上密生细刚毛，腹部第七节背面两侧各有1根细长的白色蜡丝。

（2）卵 长椭圆形，初产时为白色，孵化前变为橙红色。

（3）若虫 1龄若虫扁椭圆形，长0.45毫米，宽0.2毫米；淡红褐色，触角和足淡橘黄色；触角6节。2龄雄若虫卵圆形，黄褐色；触角7节。2龄雌若虫纺锤形，背面凸起，暗红褐色，被有蜡质刚毛，触角6节。3龄雌若虫卵圆形，红褐色，触角线状。

（4）蛹 雄蛹，白色扁长圆形的茧内，茧后端有横羽化裂口。预蛹，红褐色，长椭圆形。

4. 生物学特性

栗绛蚧在豫南地区1年发生1代，以2龄若虫在枝条芽基或伤疤处越冬。翌年3月中旬，越冬雄若虫开始爬行至皮缝、伤口等隐蔽处聚集，结茧化蛹。越冬雌若虫在原处固定取食进入3龄。3月下旬成虫开始羽化，4月下旬为羽化盛期。雄虫寿命1天左右，交配后死亡。雌虫受精后发育快，背部隆起，近球形，当气温达25℃以上开始产卵，每只雌虫产卵2 000余粒，卵期15~20天。5月上旬为产卵盛期，5月下旬为孵化盛期，幼虫孵化1周立即固定危害，分泌蜡质，形成介壳。6月上旬蜕皮进入2龄若虫期，7月上旬开始陆续以2龄若虫越夏和越冬。定居在叶柄芽基的若虫发育为雌虫，寄生在枝条上的发育为雄虫。老树虫害重于幼树，下层枝重于上层枝。

5. 发生情况

2000年3月下旬，栗绛蚧在信阳市各板栗产区相继暴发，发生严重的板栗树每个枝条上分布着上千头栗绛蚧，造成部分板栗树不能正常抽枝发叶，严重影响板栗生长和挂果，给当地栗农造成了巨大的经济损失。近些年来，信阳市栗绛蚧多以轻度发生为主，中度发生较少，仅个别年份、局部地块虫口密度高，并造成灾害，但均没有2000年严重。

6. 防控措施

（1）营林措施　及时更新栗园衰老树，加强果园管理，适时灌溉施肥，中耕除草，增强树势。结合修剪，及时剪除病虫枝，在栗绛蚧若虫孵化前，剪除带虫枝条。冬季或春季，刮除栗树上的粗皮、翘皮，将刮下的粗皮、翘皮以及栗园的枯枝落叶、杂草清理出果园，然后集中烧毁，以消灭越冬的虫源。

（2）物理防治　利用雄若虫寻找隐蔽处结茧化蛹的习性，3月中旬在树干或枝杈下方，用杂草或破布等缠绕树干、树枝，诱集雄若虫，20天后收集雄若虫进行集中烧毁。

（3）生物防治　①保护和利用天敌，栗绛蚧的天敌有黑缘红瓢虫、大草蛉、球蚧花角跳小蜂、桑名花翅跳小蜂等。②初孵若虫期，喷洒芽枝状枝孢霉菌2 000万孢子/毫升进行防治。

（4）化学防治　①3月中下旬，用40%马拉硫磷乳油500倍液或2.5%溴氰菊酯乳油3 000倍液喷雾防治。②幼虫孵化期和若虫期，是化学药剂防治关键时期，此时虫体幼小，没有分泌蜡质层，药液容易接触虫体，喷洒 3% 苯氧威乳油 1 000 倍液防治。

四、淡娇异蝽

1. 分布

国内分布于河北、山东、安徽、江苏、福建、浙江、湖南、湖北、四川、云南等地。河南省分布于新乡、洛阳、南阳、信阳等市部分县。信阳市除息县、淮滨县外，其他县（区）均有分布。

2. 危害特点

淡娇异蝽主要危害板栗，也危害油栗、茅栗等。以若虫和成虫吸食板栗树嫩芽、幼叶汁液，使新梢停止生长，叶卷曲、枯萎；发生严重时，新梢和花序不能形成，枝条枯死，甚至整株死亡。

3. 形态特征

（1）成虫　雄虫体长 9~10 毫米，宽 4.2 毫米，宽梭形；雌虫体长 10~12.5 毫米，宽 5.3 毫米，椭圆形。体扁平，初羽化成虫为草绿色，交尾产卵前变为黄绿色。头、前胸背板侧缘及革片前缘米黄色。触角 5 节，与体等长或稍长；第一节红褐色，外侧有条褐色纵纹，其余各节浅褐色，第三至第五节端部褐色。触角基部外侧有眼状黑色斑点。前胸背板、小盾片上的小刻点天蓝色，前胸背板后侧角有 1 对黑色小斑点或沿缘脉具不规则天蓝色斑纹，革片外缘有 1 条连续或中间中断的黑色条纹。膜质部分无色透明。足浅黄色，10 月以后，胫节、跗节、腿节的部分转为红色。身体腹面红褐色，略带草绿色。雄虫体较雌虫瘦小，前翅明显长于腹部；雌虫前翅与腹部等长。

（2）卵　卵长 0.9~1.2 毫米，宽 0.6~0.9 毫米，呈长卵形，浅绿色，近孵化时变为黄绿色。单层双行，排列整齐，上有较厚的乳白色（后期变红棕色）蜡状保护物。

（3）若虫　若虫 5 龄。1~2 龄若虫近无色透明，3 龄以后若虫体扁平形，草绿至黄绿色，触角黑色，复眼红色。5 龄若虫翅芽发达，小盾片分化明显，前胸和翅芽背面边缘有 1 黑色条纹，前胸腹面有 1 条黑色条纹伸达中胸。

4. 生物学特性

信阳 1 年发生 1 代，以卵在落叶内越冬，少数在树皮缝、杂草或树干基部越冬。翌年 3 月初越冬卵开始孵化，3 月中旬为孵化盛期，若虫蜕皮 5 次。5 月中旬出现成虫，5 月下旬至 6 月上旬为羽化盛期。成虫于 10 月下旬至 11 月初开始交尾、产卵，11 月中旬为产卵高峰期，至 11 月下旬产卵结束。

越冬卵孵化后，1 龄若虫和 2 龄若虫群居壳上取食卵块上的胶状物，不具有危害性。3 龄若虫较为活泼，在栗树发芽时，群居芽及嫩叶上吸取汁液，以后在花序、叶背、苞梗基部嫩梢处取食。若虫发育历期 35~60 天。成虫多在白天羽化。成虫极为活泼，但飞翔力不强，白天静伏栗叶背面，傍晚开始活动。多取食叶背面的叶脉、边缘和 1~3 年生枝条皮孔周缘及芽，夜晚处于静伏状态，但口针仍刺入果树组织内不动。成虫历期 145~210 天，经过长达 5 个多月的补充营养后，才交尾产卵。雌雄成虫一生仅交尾 1 次，雌虫当天便可产卵，9 天后死亡。成虫产卵于落叶内，卵块呈条状，每头雌虫产卵 1~3 块，每块有 10~60 粒，每头雌虫产卵量为 35~130 粒，平均 80 粒。卵期 100~135 天，其自然孵化率达 98%。

淡娇异蝽的发生与危害程度和管理水平有密切关系，果园管理粗放，杂草丛生，落叶厚，卵容易越冬，自然孵化率高，危害程度重；相反，管理好，危害程度就轻。

5. 发生情况

20 世纪 70 年代末至 80 年代，淡娇异蝽先后在河南信阳、安徽六安、湖北黄陂等板栗产区暴发成灾，从而导致大面积板栗树枯死。1979 年信阳县（现信阳市浉河区）东双河、浉河港等地暴发成灾，发生面积在 666.7 公顷以上，栗树死亡面积超过 68 公顷。1980 年信阳县因该虫危害死掉约 30 年生果树 300 多公顷。此外还有 400 多公顷绝收，给栗农造成了巨大经济损失。该害虫同期还在罗山县、新县等板栗产区局部成灾，造成板栗果实大幅减产。近年来，淡娇异蝽在信阳呈轻度发生，没有出现严重灾害。

6. 防控措施

（1）物理防治　①在入冬至越冬卵孵化之前，彻底清除栗园杂草、落叶，集中烧毁或埋于树冠下，降低越冬卵基数。②冬季剪除有卵枝条，或刮除树干上的越冬卵块，带出林外烧毁，以消灭越冬卵。

（2）生物防治　低龄若虫期，可喷洒1%苦参碱乳油1 000~1 500倍液或25%阿维·灭幼脲悬浮剂1 000~1 500倍液防治。

（3）化学防治　淡娇异蝽发生严重的栗园，3月下旬至4月上旬，为若虫开始上树期，要及时喷药防治。喷洒3%氨基甲酸乙酯1 000~1 500倍液或绿色威雷乳油300~400倍液或2.5%溴氰菊酯乳油2 000~3 000倍液或10%吡虫啉乳油800~1 200倍液，防治效果很好。春季越冬卵孵化盛期，用10%吡虫啉乳油2 000倍液喷洒防治初孵若虫。

五、栗实象鼻虫

栗实象鼻虫别名栗实象甲、象鼻虫。

1.分布

栗实象鼻虫在全国各栗产区都有分布。河南省分布于信阳、驻马店、南阳、洛阳、平顶山、三门峡、安阳、济源、新乡、焦作等地。信阳市浉河区、平桥区、罗山县、光山县、商城县、新县、固始县等有分布。

2.危害特点

栗实象鼻虫主要以幼虫危害板栗、油栗和茅栗等栗属植物，还危害榛、栎等植物。幼虫以危害栗实为主。幼虫在栗实里面取食，形成较大坑道。其粪便排于虫道内，而不排出果实外，这一习性区别于桃蛀螟。一般危害率在20%~40%，严重者80%以上，被害果实容易霉烂变质，失去发芽能力和食用价值。

3.形态特征

（1）成虫　成虫体长5~9毫米，宽2.6~3.7毫米，体梭形，深褐色至黑色，覆黑褐色或灰白色鳞毛。喙圆柱形，前端向下弯曲，黑色有光泽。前胸背板宽略大于长，密布刻点。鞘翅肩较圆，向后缩窄，端部圆，鞘翅长为宽的1.5倍左右，各生有由10条刻点组成的纵沟。主要特征是：前胸背板有4个白斑，鞘翅具有形似"亚"字形的白色斑纹。

（2）卵　卵呈椭圆形，长约1毫米，初产时透明，近孵化时变为乳白色。

（3）幼虫　幼虫成熟时体长8~12毫米，乳白色至淡黄色，头部黄褐色，无足，口器黑褐色。体常略呈"C"形弯曲，体表具多数横皱纹，并疏生短毛。

（4）蛹　蛹长 7.0~11.5 毫米，乳白色至灰白色，近羽化时灰黑色，喙管伸向腹部下方。

4. 生物学特性

信阳 2 年发生 1 代，以老熟幼虫在土内约 10 厘米深处做土室越冬。翌年 6 月中旬至 7 月在土内化蛹，蛹期 10~15 天；7 月下旬为成虫羽化盛期；成虫羽化后在土室内潜居 15~20 天，然后出土；8 月中旬为成虫出土盛期；9 月上中旬结束；成虫出土后取食嫩叶补充营养，然后交配产卵。成虫白天在树冠内活动，受惊后假死落地或飞走；夜间不活动。卵产于果实内部，卵期 8~12 天。幼虫孵化后，蛀入种仁取食，粪便排于其中。幼虫取食 20 余天，老熟后脱果入土越冬。早期被害果易脱落，后期的被害果通常不落。果实采收后，没有老熟的幼虫继续在种实内取食，直至老熟脱果入土越冬。

5. 发生情况

栗实象鼻虫在信阳栗产区分布较广，以轻、中度发生为主，个别年局部危害较重，造成果实早落，影响栗园产量和栗实品质。

6. 防控措施

（1）营林措施　新造林地，选栽栗苞大、苞刺密而长、质地坚硬、苞壳厚的抗虫品种，可以减轻危害。

（2）物理防治　①栗果脱粒后用 50~55℃热水浸泡 10~15 分，杀虫率可达 90% 以上，捞出晾干后即可沙藏，不会伤害栗果的发芽能力。但必须严格掌握水温和处理时间，切忌水温过高或时间过长。②利用成虫的假死性，在早晨露水未干时振动树枝，使其掉地后捕杀；及时拾净落地虫果，并集中深埋或销毁；栗苞在成熟发黄后即采收，将采收回的栗苞堆放在水泥地上脱粒，阻止幼虫脱果入土越冬，还可在脱粒场放鸡啄食。③在板栗收获前，砍除园中和附近茅栗杂灌等，摊于园下晒干，开好防火线，将其烧掉，以减少幼虫补足营养食料来源，破坏害虫生活环境，抑制虫害发生。

（3）化学防治　发生严重的栗园，可在成虫即将出土时或出土初期，地面撒施 5% 辛硫磷颗粒剂，用药量为 150 千克/公顷，或喷施 50% 辛硫磷乳油 1 000 倍液，施药后及时浅锄，将药剂混入土中，毒杀出土成虫。成虫发生期，可在产卵之前给树冠选 50% 杀螟硫磷乳油 1 000 倍液或 50% 辛硫磷乳油 1 000 倍液，每隔 10 天左右喷 1 次，连续喷 2~3 次，可杀死大量成虫，防止产卵危害。成虫期，也可用阿维菌素或吡虫啉 5~10 倍液打孔注射防治。

六、剪枝栗实象

1.分布

剪枝栗实象在国内主要分布于河北、山东、河南、安徽、湖北、湖南、江苏等栗产区。河南省主要分布于太行山、伏牛山、桐柏山和大别山区的产栗县（区）。信阳市浉河区、平桥区、罗山县、光山县、新县、商城县、固始县等有分布。

2.危害特点

剪枝栗实象主要危害板栗、毛栗等。成虫咬断结果枝，造成大量栗苞脱落；幼虫在坚果内取食。危害严重时可减产 50%~90%。

3.形态特征

（1）成虫　成虫体长 6.5~8.2 毫米，宽 3.2~3.8 毫米，蓝黑色，有光泽，密被银灰色绒毛，并疏生黑色长毛。鞘翅上各有 10 列刻点。头管稍弯曲与鞘翅等长。雄虫触角着生在头管端部 1/3 处，雌虫触角着生在头管的 1/2 处。雄虫前胸两侧各有 1 个尖刺，雌虫没有。腹部腹面银灰色。

（2）卵　卵呈椭圆形，初产时乳白色，逐渐变为淡黄色。

（3）幼虫　幼虫初孵化时为乳白色，老熟时为黄白色。体长 4.5~8.0 毫米，呈镰刀状弯曲，多横皱褶，口器褐色。足退化。

（4）蛹　离蛹，长约 8.0 毫米，前期呈乳白色，后期变为淡黄色。头管伸向腹部，腹部末端有 1 对褐色刺毛。

4.生物学特性

剪枝栗实象在豫南地区 1 年发生 1 代，以老熟幼虫在土中做土室越冬。翌年 5 月上旬开始化蛹，蛹期 1 个月左右。5 月底至 6 月上旬成虫开始羽化，成虫发生期可持续到 7 月下旬。成虫羽化后即破土而出，上树取食花序和嫩栗苞，约 1 周后即可交尾产卵。成虫 9：00~16：00 活跃，早、晚不活动。成虫受惊扰即落地假死。成虫交尾后即可产卵，产卵前先在距栗苞 3~6 厘米处咬断果枝，但仍有皮层相连，使栗苞枝倒悬其上。然后再在栗苞上用口器刻槽，将卵产于刻槽中，产毕用碎屑封口。最后将与倒悬果枝相连的皮层咬断，果实坠落。每只雌虫可剪断 40 多个果枝。栗树中下部的果枝受害较重。信阳栗产区，成虫产卵盛期在 6 月下旬。幼虫从 6 月中下旬开始孵化。初孵幼虫先在栗苞内危害，以后逐渐蛀入果内取食，最后将果蛀食一空，果内充满虫粪。幼虫期 30 余天。到 8 月上旬即有老熟幼虫脱果。幼虫脱果后入土做土室越冬。

5. 发生情况

信阳是河南省板栗主产区，板栗栽植面积在 6.78 万公顷以上。剪枝栗实象在信阳板栗产区分布较广泛，多以轻、中度发生危害，个别年局部栗园危害较重，造成栗园果实大幅减产。

6. 防控措施

（1）检疫措施　加强检疫，防止幼虫或蛹随苗木远距离传播。

（2）营林措施　可利用我国丰富的板栗资源选育出球苞大，苞刺稠密、坚硬，并且高产优质的抗虫品种。

（3）物理防治　①利用呈聚集分布、夜晚和雨天静伏树冠隐蔽处、趋光性极差、有假死性等特性，在成虫发生期傍晚、夜晚、雨天猛摇树枝，把成虫振落，集中消灭。②成虫出土上树期间，用粘虫带、胶环、透明胶等包扎树干或围绕树做"环形水槽"，阻止成虫上树，并将阻集在粘虫带下面或"环形水槽"内的成虫收集处理，至成虫绝迹后再取下胶环等。③6~7 月，将被害栗苞全部捡起，集中深埋或烧毁，以消灭其中的幼虫。

（4）化学防治　在虫口密度大的栗园，于成虫出土期（5 月底）在地面喷洒 5% 辛硫磷粉剂或 37% 巨无敌乳油。喷药后用铁耙将药、土混匀。在土质的堆栗场上，脱粒结束后用同样药剂处理土壤，杀死其中的幼虫。在成虫发生期，往树冠上喷 50% 辛硫磷乳油 2 000 倍液，10 天喷 1 次，喷 2~3 次。

七、板栗雪片象

板栗雪片象别名栗雪片象。

1. 分布

板栗雪片象在国内分布于河北、河南、陕西、江西、湖南等板栗产区。

河南省分布于南阳、洛阳、信阳、驻马店等地。信阳市分布在浉河区、平桥区、新县、罗山县、光山县、商城县、固始县等地。

2. 危害特点

板栗雪片象主要危害栗属植物，其中板栗受害最严重，油栗也可受害。主要以幼虫危害栗实，幼虫沿果柄蛀入栗苞，在其中蛀食（但不蛀入栗实内），造成弯曲虫道，虫道内充满虫粪。栗实灌浆后，幼虫蛀入其中危害。老熟幼虫将果实和苞皮咬成棉絮状，在其中越冬。成虫可取食栗苞、叶柄、花序、嫩枝及其皮层等。

3. 形态特征

（1）成虫　成虫体长 7~10 毫米，宽 4~4.5 毫米。雌虫略大，体为长椭圆形，密被浅褐色短毛。头小，头管粗短，略弯曲，黑色。复眼黑色。头约为体长的 1/4。触角膝状，基部壮大，赤褐色。前胸宽略大于长，背板黑色，稍有光泽，有许多瘤状突起。鞘翅浅黑褐色，基部有许多铁锈色与白色相间的小点，端部有 1 条白带纹，鞘翅上有许多间断的黑色刻点，近翅中缝处的两列较为明显。足腿节后端 1/3 处有钝齿。

（2）卵　卵呈椭圆形，长约 0.9 毫米，宽 0.7 毫米，淡黄色。

（3）幼虫　老熟幼虫体长约 12 毫米，头部褐色，体白色、肥胖，略弯曲，多皱褶。足退化。

（4）蛹　离蛹，长约 10 毫米，黄白色。

4. 生物学特性

板栗雪片象在豫南地区 1 年发生 1 代，以老熟幼虫在脱落的栗苞内或土中越冬。越冬幼虫于 4 月上旬开始化蛹，4 月中旬为化蛹盛期，5 月中旬为末期。成虫于 4 月下旬开始羽化，5 月上旬为羽化盛期，羽化可延续到 8 月。成虫羽化后先在栗苞中停留一段时间，然后咬破栗苞爬出。成虫只能短距离飞行，有假死性，受惊扰即落地。成虫以取食嫩叶、栗苞等来补充营养。交尾后的雌成虫用口器在果柄基部咬 1 个小洞，在洞口产卵，再用头管推到洞内，并用碎屑覆盖洞口。每个栗苞一般只产卵 1 粒，少数产 2 粒。成虫产卵期较长，每个雌虫产卵 5~30 粒。7 月中下旬为产卵盛期，卵期 15~25 天。初孵幼虫先在栗苞内取食，以后逐渐转入栗实内危害。蛀果早的幼虫可引起早期落果，

8月底9月初，栗苞落地严重；蛀果晚的幼虫多随果实采收时被带出栗园，继续蛀果危害。老熟幼虫脱果后入土越冬。越冬幼虫耐低温而不耐干旱，秋冬长期干旱情况下幼虫死亡率高。秋冬雨量适中，栗园土壤湿润，对幼虫越冬有利。成虫羽化期遇雨有利于羽化。一般情况下，栗园管理差的受害较重。

5. 发生情况

板栗雪片象在信阳板栗产区都有分布，以新县个别年份或局部栗园危害较重，最严重的板栗果实受害率高达90%。其余县（区）多为轻度发生。

6. 防控措施

（1）物理防治　从8月下旬至10月上旬捡拾、烧毁有虫的落地栗苞，减少虫源。

（2）生物防治　①保护和利用天敌控制害虫，如雪片象抱缘姬蜂、斑螯对板栗雪片象的发生有一定抑制作用。②成虫产卵初期，对树冠喷洒1%苦参碱乳油1 500~2 000倍液或25%甲维·灭幼脲悬浮剂1 000~1 500倍液或25%阿维·灭幼脲悬浮剂1 000~1 500倍液防治。

（3）化学防治　在5月中下旬成虫羽化盛期和7月上中旬成虫产卵初期，对树冠喷洒3%苯氧威乳油1 500~2 000倍液，或90%晶体敌百虫1 000倍液，或2.5%溴氰菊酯乳油2 000~3 000倍液喷洒，或2.5%蛾蚜灵可湿性粉剂1 500倍液，防治效果很好。

八、板栗干枯病

板栗干枯病又叫板栗疫病、栗胴枯病。本病属国际性检疫对象，病害发生在主干和枝条上，病斑迅速包围树干，造成枝条或全株枯死。据资料报道，在疫区内因不同立地条件、不同品种、不同树龄间均有不同程度的栗疫病发生。如10年生以下的嫁接板栗幼树病株率达46.62%，10~30年生的壮龄树病株率达6.7%，在40~50年以上的中老龄树病株率达15.14%。

1. 危害症状

病菌从伤口侵入主干及枝条后，在比较光滑的树皮上产生圆形或不规则的水渍状病斑，呈浅褐色或褐色。由于连续蔓延造成树皮干枯，在树皮与木质部之间产生羽状扇形的菌丝层，初为污白色，后变黄褐色。3~4月被危害树皮上，可见到橘黄色瘤状子座。若遇潮湿，子座内可挤出淡黄色至黄色卷须状分生孢子角。8~9月子座变为橘红色至酱油色，内生子囊壳。

2. 发病规律

病原菌的分生孢子和子囊孢子都能进行侵染致病，一般3~4月开始出现症状。随着温度的升高，5月上中旬病斑开始明显扩展，直至10月下旬病斑暂缓扩展。病原菌的分生孢子于4月下旬至5月上旬开始出现。分生孢子借助雨水、昆虫、鸟类传播，进行多次侵染。10~11月在树皮上出现橘红子座内生孢子囊壳，12月上旬，孢子可借风传播，病菌自伤口侵入寄主进行越冬。

3. 防治方法

（1）加强营林措施　增强树势，在生产管理中除定期对板栗进行施肥、修剪、病虫防治、排灌水等管理措施外，应注意伤口（日灼、冻害、嫁接剪口）的保护，严防病菌侵染。

（2）加强森林植物检疫工作　凡没有经过检疫部门检疫过的种子、嫁接枝条，一律严禁调入和调出。若发现带病植株应就地销毁。特别是在大量培养嫁接苗和对新建栗园的实生树高接换头，严禁使用疫区接穗。

（3）加强药物防治　对已发病植株，先用刀刮去病斑粗皮部，再用抗菌剂401的400~500倍液涂施病部。每15天涂施1次，共涂5次，即可抑制病斑蔓延发展。

九、板栗实腐病

板栗实腐病又叫果仁斑点病。河南农业大学在豫南主要产栗区调查结果证明，该病发生可导致病果率达20%~50%，直接影响栗农收入。

1. 危害症状

板栗实腐病在栗果生长期一般不易发现，主要表现为刺间或栗苞刺上或苞壳表皮上有褐色斑点。栗苞采收后，带有病状的栗壳上出现褐色斑块，而且种仁也有黑褐色斑点。在条件适宜时病原菌全部变成褐色或灰黑色菌丝或粉红色孢子堆，使栗果腐烂变质，不能食用。

2. 发病规律

病原菌的越冬场所主要是在带病枯枝和落地的栗苞上。翌年5月，在阴雨天气湿度大时，病原菌在越冬场所萌发产生分生孢子，然后，经风、雨进行传播扩散，6~7月当新果初步形成时，分生孢子就在外露柱头上或幼嫩的种壳空隙部位侵入种仁，逐步形成上述的危害症状。

3.防治方法

（1）人工防治　栗果采收后，可将栗园内的枯枝落叶和栗苞捡净烧掉，并把灰尘和剩余物清除园外深埋，以防病原菌复发。

（2）化学防治　从栗苞形成的6月上旬开始，每隔半月左右用退菌特800倍液、退菌特加拌种霜（1∶1）600倍液或用退菌特加代森锌（1∶1）800倍液，在栗园内对树冠全面喷雾1次，防治效果80%以上，基本可控制病原菌的侵入与扩散。

十、冻害

不论是北方地区，还是长江流域以南的温带与亚热带诸省份，在冬、春季节经常受到低温侵袭，使板栗树体的器官和组织遭受冻害。轻者影响生长发育，重者会造成整株死亡。

1.危害症状

（1）主干冻害　主干受冻表现为树皮纵裂，其裂缝多在分枝角度小的地方和未愈合好的伤疤处发生。受冻轻的裂缝小，将来会自行愈合；受冻严重的裂口大，可深达木质部，树皮向外反转，不易愈合，并会招致腐烂病的发生。

（2）枝条冻害　休眠期间，枝条内部组织中以木质部与髓部最易受冻，皮层次之，形成层最抗寒。因此，枝条受冻首先是髓部与木质部变色，继之是皮层和形成层。多年生枝条的冻害，多表现在局部，不易察觉，待树液流动后，受冻部位开始凹陷，局部组织死亡。受害较轻者，能自行恢复生长。

（3）枝杈冻害　枝杈冻害主要发生在主枝分杈向里的一侧，症状是皮层变色、坏死、凹陷，有的是顺主干垂直冻裂造成劈杈。

（4）根颈冻害　根颈受冻以后，皮层和形成层变褐腐烂，易剥离。如局部受冻，虽影响树势，但尚能恢复；如环状受冻，就会导致整株树死亡。

（5）根系冻害　板栗树的根系即便在冬季也不休眠，抗寒能力更弱。深层根系受到土壤的保护可免遭冻害，在近根颈处浅土层里的根系，经常容易受到冻害。因此，在寒冷的北方地区，板栗树越冬时有在根颈部培土堆的做法。

2.防治方法

（1）选择抗寒砧木　不同的砧木，其耐寒能力有着明显的差别。采用坐地苗嫁接或中间砧高接，都能提高树体的抗寒能力。

（2）加强管理，提高抗寒能力　树体营养物质积累得多，抗寒能力就强，反之则弱。因此，要提高板栗树体的抗寒能力，应在其生长的前期，加强肥水管理，促使枝叶生长，提高光合效能，以增加营养物质的积累。在其生长后期，则要控制肥水，适量增施磷、钾肥，促使枝条及早停止生长，以利组织的充实，延长营养物质的积累时间。

（3）灌水　水的热容量很大，对气温的变化有着明显的调节作用。如土壤中水分含量高时，则接近地面的空气就不会骤冷骤热。所以，霜前园地及时灌水，可防止或减轻霜害。

（4）喷水　降霜时，给树体喷水对预防霜冻有一定效果。这是因为喷在树体上的水滴，在遇冷结冰时可放出潜热，使树体温度不至于骤然下降，同时还可在一定程度上增加大气中水蒸气的含量，以缓和霜冻的危害。

（5）延长休眠期　早春树干涂白和树冠喷白，可延迟萌芽和开花物候期（板栗树每年随四季气候变化而发生的萌芽、营养生长、结果、果实成熟、花芽形成、休眠等生命活动现象为其生物学气候时期，简称物候期），使板栗树躲过霜冻。

第十八章

板栗采收与贮藏

一、板栗采收

1. 板栗成熟采收期

据豫南地区栗农多年经验，南部山区或沿河平原区板栗成熟期均大致在 8 月下旬至 10 月中旬。板栗成熟的特征是，球苞外形黄绿褐色，总苞顶部裂口，微露栗实，栗实皮色变为赤褐色。

2. 板栗采收方法

根据栗农习惯，采收方法有两种：拾栗法和击落法。

（1）拾栗法　拾栗法即板栗栗苞开裂，栗实自然脱落，人工在地面拾取栗子的方法。充分成熟的栗子，发育充实，耐贮藏，播种育苗发芽率高。在沿河平原栗子成熟时多采用此法。

（2）击落法　击落法是树上球果达到生理成熟，有 1/3 栗苞由青变黄微开裂，用长竹等一次性击落栗苞，拾取栗苞集中脱粒。优点是节省劳力，采收时间短，投入市场销售早，经济效益高。缺点是栗子成熟度较差，果肉水分大，不耐贮藏，易伤枝条影响树形和翌年产量。

二、板栗贮藏

板栗属干果，较水果耐贮藏。板栗采收后的特征是：采收后第一个月水分大，易发霉变质；第二个月易失水、失重；翌年二月易发芽，降低商品经济价值。因此，根据生产和国内外市场需要选择贮藏方法。常见贮藏方法有：

1. 沙藏

适应于育苗用种子。地点应选择在地势高燥，排水良好，背风阴凉处，以坑藏为好，坑规格深、宽各1米，坑长视种子多少而定。坑底铺干净河沙厚10~12厘米，然后将种子和含水量5%的湿沙混合均匀，摊放坑内。或者用10厘米厚一层种子、10厘米厚一层细沙，交替堆放，至距坑沿20厘米时停止。并在已贮藏好的沙坑内，每50厘米远插一个草把，以利通气。最后在坑周围开好排水沟，确保沙藏种子安全贮藏。在贮藏期间，要定期检查，翻搅。从11月下旬后温度保持在5~10℃时对板栗贮藏有利，当气温降到0℃以下时应加强保温措施。

2. 塑料袋贮藏

据资料报道，板栗经沙藏30天后，可采用带有透气孔的塑料袋贮藏，每袋装板栗12.5千克或25千克，放入木箱内贮藏。据测，装12.5千克袋藏时间可达82天，好果率为92.6%；装25千克袋藏时间可达46天，好果率为96.6%。效果均甚佳。

3. 低温贮藏

有两种方法：一是有条件的地方建地下室贮藏，温度可控制在5~10℃，并经常翻动检查，将烂果、病虫果及时拣出；二是用冷库贮藏，防止病虫危害，减少水分流失。

不管采用哪种方法贮藏，贮藏前应注意严格掌握果实成熟期，采下的栗子堆放高度不超过1米，堆放时间不超过3天；刚脱壳的栗子有一定热量和水湿，应及时摊开，做好"发汗"散热处理；如有病虫害随时拣出销毁。

附　录

常用相关知识

一、蜡封接穗

　　把采回的板栗枝条剪成 8~10 厘米的小段，每段顶端留 1~2 个发育饱满的大芽。把石蜡放入铝锅中置于火炉上熔化，当温度上升到 90~120℃时石蜡熔化为液体，待温度降至 80℃左右时，便可进行蜡封。蜡封时，拿住接穗小段一端，将另一端迅速（不超过 1 秒）在石蜡液中蘸一下，再倒过来同样蘸另一头。这样，整个接穗的外表便包上一层薄薄的蜡膜。蜡封时，如果蜡液温度不好控制，可在装蜡液的容器外，套一个装有开水的大锅，并加火保持水温恒定，蜡液温度就基本保持不变，每千克石蜡可封接穗 1 500~2 000 根。

二、常用农药配制方法

　　波尔多液：一般配制成等量式。方法，取两个水桶，先将 0.5 千克硫酸铜加少许水溶解后倒入一个桶内放清水至总重 45 千克，配成硫酸铜溶液。另外一个水桶内放清水 4.5 千克，加新石灰 0.5 千克，滤渣后成石灰乳。然后将硫酸铜溶液慢慢倒入石灰乳中，并同时用木棒进行快速搅拌，最后成天蓝色的胶状悬浮液。在配制时严禁使用金属容器。随配随用。

　　石硫合剂：新白石灰块 0.5 千克，硫黄粉 1 千克，清水 5 千克。先把石灰用热水化开加水煮沸，然后把硫黄调成糊状，慢慢倒入石灰乳中，同时迅速搅拌，继续煮沸 40~60 分，煮沸中注意加水保持原液重量，待药液变成酱油色即停火冷却，滤去渣子，即成石硫合剂原液。应用时稀释成一定的浓度，见附表 1。

附表1　石硫合剂原液稀释倍数表（按容量计算）

同体积水/克	普通比重	波美度	稀释浓度									
			0.1	0.2	0.3	0.4	0.5	1	2	3	4	5
500	1.115 4	15	166.19	82.54	54.65	40.71	32.35	15.62	7.25	4.46	3.07	2.23
500	1.124	16	178.72	88.8	58.82	43.84	34.84	16.86	7.87	4.87	3.37	2.47
500	1.132 8	17	191.44	98.16	63.06	47.01	37.38	18.12	8.5	5.29	3.68	2.72
500	1.141 7	18	204.37	101.61	67.36	50.24	39.96	19.41	9.13	5.71	4.00	2.97
500	1.150 8	19	217.50	108.17	71.73	53.51	42.58	20.71	9.78	6.14	4.32	3.22
500	1.16	20	230.84	114.84	76.17	56.84	45.24	22.04	10.44	6.57	4.64	3.48
500	1.169 4	21	244.39	121.61	80.69	60.22	47.94	23.39	11.1	7.02	4.97	3.74
500	1.178 9	22	258.17	128.50	85.27	63.66	50.69	24.76	11.79	7.47	5.3	4.01
500	1.188 5	23	272.17	135.49	89.93	67.15	53.48	26.15	12.48	7.92	5.65	4.28
500	1.198 3	24	286.41	142.60	94.67	70.70	56.32	27.56	13.18	8.39	5.99	4.55
500	1.208 3	25	300.87	149.83	99.49	74.31	59.21	29.09	13.9	8.86	6.34	4.83

三、板栗优良品种调查与记录

1. 优良品种记载方法和标准

（1）树形　必须选择生长结果正常具有代表性的单株。板（油）栗树形大致可分三类：①半圆头形，树姿开张，主枝分枝角大于60°，为强性树势。②圆头形，树姿半开张，主枝分枝角40°～50°，为中性树势。③高圆头形，树姿直立，主枝分枝角小于45°，为弱性树势。

（2）枝条　选择树冠外围生长正常，由顶芽抽生的1年生结果母枝为材料。测定数量为20～25枝，长枝类型大于20厘米，中长枝类型为15～20厘米，短枝类型小于15厘米。色泽可记灰褐色、黄褐、赤褐色。

（3）叶片　测定样品应选择着花节以下的叶片，数量20片，大小以长度为标准，宽度作参数。大叶片：长大于20厘米，宽约9厘米。中叶片：长为18～20厘米，宽7～8厘米。小叶片：长小于18厘米，宽约7厘米。叶形：椭圆形、卵圆形、倒卵形、披针状椭圆形等。叶色视真实情况记录。

（4）花序　雄花序长度：长的大于 13 厘米，中等的为 8~13 厘米，短的小于 8 厘米。雄花序数量：多的大于 15 个，中等的为 10~15 个，少的小于 10 个。雄花与雌花的比例一般为（12~16）：1。

（5）栗苞（球果）　选择已经转色，出现十字形裂痕或初裂，内含 3 粒坚果的栗苞 20 个为材料，以平均重量为标准。特大型：大于 200 克。大型：100~200 克。中型：50~100 克。小型：50 克以下。形状大部分为椭圆形，少许有扁椭圆形，茧形以及尖顶椭圆形。

苞刺大致分 3 种：①稀：能透过刺束清楚见到球肉。②中：透过刺束稍能见到球肉。③密：刺束密集，看不见球肉。长刺在 1.5 厘米以上，短刺在 1.5 厘米以下。

（6）坚果　特大：重量大于 25 克。大：15~25 克。中：10~15 克。小：小于 10 克。

形状以边果的正面观察为标准。椭圆形：果顶微凹或果肩平。圆形：果顶微凸或果肩浑圆。三角形：果顶显著凸出或果肩尖削。

以新鲜果实色泽为标准：赤褐色、褐色、紫褐色、黑褐色、黄褐色、紫红色等。

茸毛极多：茸毛密布于全果面。较多：茸毛分布于坚果中部以上范围，约占果面 1/2。较少：茸毛稀，散布于果肩以上范围。少：仅在果顶处略有茸毛。

2. 优树选择及其标准

树势：生长旺盛，主枝疏散开张，丰产，寿命长。产量指标：盛果期树，连年单株产量在 25 千克以上，幼树初进入盛果期株产 15 千克以上，树冠投影面积产量每平方米为 0.5 千克以上。无空苞或空苞率不超过 5%，出实率在 40% 以上。品质标准：板栗每千克 60 粒左右，油栗 80~100 粒，果实大小均匀，色泽光亮美观。熟食味为香、甜、粳、糯。

抗逆性强：该树对当地主要病虫害具有一定的抗性，对栽培条件要求不高，适应性强。

3. 板（油）栗优良品种鉴评的方法

对复选出的优树要认真观察，记录它的优良性状，待果实成熟时及时采集贮藏，以备鉴评之用，鉴评的方法有：直观法和品尝法两种。

（1）直观法　果实的重量，板栗每千克 60 粒左右，油栗每千克 80~100 粒，并要大小均匀。新鲜，色泽光亮美观，色纯无杂。果实底座光滑易脱，果顶部呈广圆形，无毛或毛很少。板栗平均每苞 2.5 粒坚果以上，油栗每苞 2.7 粒坚果以上。外皮薄，内外皮易剥离，果肉细。

（2）品尝法　把参评的板（油）栗分为两部分，一部分生食品尝，一部分熟食品尝。通过生食要品尝出香、甜、脆等。通过熟食要品尝出果肉的香、甜、糯等。

四、全国部分省板栗主要栽培品种

1. 河北主要栽培品种

黑皮栗：别名黑毛栗。总苞成熟时呈"十"字形裂开，每总苞内含 2~3 粒坚果，果大稍扁，果皮暗灰褐色无光泽，果肉脆，味甜，宜生食，品质上等。9 月中下旬成熟，丰产。

红油皮栗：树势旺，枝条开张，分枝多。果实大，每千克 120 粒左右，果皮红褐色有光泽，肩部稍有茸毛，味甜，品质上等。抗病力强，丰产，果实 8 月下旬至 9 月中旬成熟，耐贮藏，为驰名国内外的优良品种。

黑油皮栗：树势旺盛，树形开张。果实大小不整齐，每千克 130 粒，果皮暗红色有光泽，果肉味甜，品质中上等。9 月中旬成熟，贮藏性差。

红皮栗：别名红毛栗。在迁西县栽培历史已有 2 000 年以上。总苞成熟时呈"十"字形开裂，每总苞内含 2~3 粒坚果，果皮红褐色，果肉味甜，品质上等。9 月中旬成熟。

毛栗：该种树势旺盛，树形开张，分枝少。每千克 100~110 粒，果皮呈灰黑色，有很多白色茸毛，品质中等。适应性强，栽植后 7~8 年结果。果实 9~10 月成熟。

明栗：树势旺，生长高大。总花密生硬刺，刺基部连接在一起，顶端有权，每总苞内含 2~3 粒坚果，表面光滑，每千克 110~150 粒，品质上等，炒食风味极佳。属国际市场畅销的主要品种，亦是大力发展的良种。

燕红：树形开张，树冠紧凑，能连续结果。丰产，总苞刺稀。每千克 100 粒左右，果皮红色有光泽，味香甜，品质上等。

2. 山东主要栽培品种

莱阳油栗：树势生长旺，枝叶繁茂。总苞扁圆形，刺毛短粗而稀疏，总苞成熟时呈"十"字形开裂，内含 2~3 粒坚果，每千克 50~60 粒，初采果为黄褐色，贮藏后变为棕褐色，果肉较粗，品质中等。10 月中上旬成熟。

早栗子：树势生长中等，枝条开张。总苞较小，呈扁圆形，刺毛较长，总苞成熟时呈"十"字形开裂，内含 2~3 粒坚果，每千克 120~130 粒，果皮深褐色，有光泽，品质中上等。9 月下旬开始成熟，丰产。

红光栗：树势较密，叶呈下垂生长，属适宜密植良种。果实深红色有光泽，每千克 100 粒左右，品质优良。9 月上旬成熟，稳产，高产，适于沙地栽培。

郯城大油栗：坚果较大，种皮深红色，光亮美观，每千克 70 粒左右，果肉鲜黄，味甜质细，品质上等。9 月下旬成熟，稳产，高产，适于沙地栽培。

泰安明栗：树势生长旺盛。树冠近圆形，果皮红褐色有光泽，每千克约 110 粒，肉质甜，含糖量在 24% 左右，总苞出实率为 40% 以上。9 月下旬成熟。适宜炒食。

"驴粪蛋"（茧棚栗）：果型中小，味甜质美，9 月下旬成熟，丰产，抗旱，耐瘠薄，适宜沙滩地和山地大量栽培。

大毛栗：树势大，冠开张。总苞成熟时呈"十"字形开裂，内含 2~3 粒坚果，果皮暗褐色，无光泽，每千克 55 粒左右，品质中上等。10 月中上旬成熟，丰产。

金丰：雌花易形成，单枝结蓬率高，枝条短粗，果枝直立，芽饱满，连年结果母枝占 67%，总苞出实率占 40%~50%。母枝基芽有抽生果枝的能力。自花授粉结实率高达 70% 以上，冠幅小，宜密植。耐瘠薄，抗干旱，适于大力引种繁殖。

3. 江苏主要栽培品种

处暑红：树势生长旺，枝条开张。总苞呈长椭圆形，梢大，刺毛长而粗，密生，成熟时总苞呈"十"字形开裂，内含 3 粒坚果，每千克 50~55 粒，中间果似三角形，边果为半圆形，果皮紫褐色有光泽，果肉黄色、粉质、味浓，品质中等。不耐贮藏，抗性稍差，叶子易受药害。9 月上旬成熟。适于城镇附近栽培。

蕉刺：总苞近圆形，刺毛密而长，粗硬斜生，成熟时呈"十"字形开裂，内含 2 粒坚果，少数为 1 粒。果大壳薄，每千克 50~75 粒，果实皮薄，呈黑红色，无光泽，果肉质硬呈黄色。9 月下旬成熟，耐贮运。适宜大力发展。

九家种（取"十家有九家种"之意）：树势稍强，冠紧密，枝条粗，节间短。总苞呈扁椭圆形，刺毛刺稀，每千克 80 粒左右，果实浅紫褐色。果肉脆，味香甜，品质中等。丰产，耐贮藏。

黄毛软刺：总苞圆形或长圆形，刺毛细软而长，总苞成熟时呈"十"字形开裂，果皮赤色，皮薄无光泽，每千克 80 粒左右，果肉黄色，硬而脆，品质中等。10 月上旬成熟，耐贮藏，抗虫蛀。适宜大力发展。

青毛软刺：总苞呈中大椭圆形，刺毛较密，刺毛长而粗硬、斜生。内含坚果 3 粒，每千克 100 粒左右，果皮薄，浅紫红色，果肉淡黄色，质脆，品质中等。10 月上旬成熟，丰产，耐贮藏，适宜于干燥、低洼地栽培。

4. 陕西主要栽培品种

镇安大板栗（魁栗）：叶互生，呈椭圆形或长披针形，顶端渐尖，基部楔形或圆形，叶边有粗锯齿，叶背面有灰白色茸毛。果实成熟时总苞为黄色，每个总苞内含 2~3 粒坚果，每千克 80~90 粒，果皮褐色，肉质甜而脆，品质上等。9 月中旬成熟，是陕西省主要栽培品种之一。

长安明栋栗：果实成熟时果皮为暗灰色，种仁饱满，每千克 100~110 粒，味甜肉细，品质中上等。9 月中旬成熟。

5. 广东主要栽培品种

罗岗油栗：果实中大，果皮深褐色、光滑，果顶有细茸毛，涩皮薄易剥，果肉浅黄色，味香质甜，品质上等。10 月上旬成熟。

南岗油栗：果实中大，果皮暗灰色，表面有毛，果肉黄色，肉质粗，味甜美，品质上等。10 月上旬成熟。

油栗：树势高大，生长旺盛。果皮具有油光亮，每千克有坚果 50~60 粒。9 月下旬成熟。

6. 广西主要栽培品种

大新油栗：树势生长旺盛，枝杈较粗，结实率高，每个总苞内含 1~2 粒坚果，每千克近 34 粒，果皮赤褐色，有光泽。成熟于 8 月中下旬。可作大果早熟栗资源推广。

中果红皮栗：树势旺，枝条开张，叶呈长椭圆形，先端急尖，基部楔形至钝形，叶边锯齿形内向。总苞刺长而密，果实圆形，每千克75粒，种皮赤褐色有光泽，果顶平或微凸并有稀疏茸毛。10月上旬成熟。

7. 安徽主要栽培品种

大红袍：又名迟毛栗子。树势生长旺盛，叶片尖而短。总苞椭圆形，每千克60粒左右，果实赤褐色，中上部长白茸毛，果肉质粳性。9月下旬至10月上旬成熟，耐贮藏。

粘底板：坚果成熟后仍粘在总苞内，故被称为粘底板。树形开张，冠呈圆形或半圆形，主干褐色，有灰白斑，枝条粗壮呈黄褐色。新梢密生黄色茸毛。老熟枝条顶部有茸毛。叶为披针椭圆形，顶端略有突起，刺密而梢长，刺较软。每苞内含3粒坚果，每千克70~80粒，果实椭圆形，种皮红色，茸毛少。9月中下旬成熟。适宜在劳力少的条件下，及丘陵、山地大力发展。

8. 辽宁主要栽培品种

辽宁板栗WM024：树龄25年，结果枝占当年发枝的91.8%。连续三年结果母枝占调查母枝的60%，每总苞内平均有坚果2.4个，每千克150粒。9月下旬成熟，丰产。

9. 河南主要栽培品种

宋家庄板栗：树势旺，冠开张，连续三年结果母枝占调查母枝数的80%。坚果紫红色，有光泽，毛茸少，每千克80粒左右，品质上等。空苞率低，抗性强。9月上旬成熟。

新县大板栗：产于新县千斤乡。树势中等，开心形，干皮灰白色，新梢灰褐色。叶长椭圆形，先端渐尖。总苞椭圆形，刺长而且密，栗皮暗褐色无光泽，茸毛稀，涩皮不易剥离，果肉淡黄色，每千克50粒左右，肉质淡，生食涩，品质中等。9月上旬成熟。产量高，但不稳产。适宜性强，可于山地、四旁零星地等栽植。

大红油栗：树势强，梢直立，干皮灰色纵裂，新梢灰褐色，叶椭圆形黄绿色，先端渐尖。总苞椭圆形，刺密而硬。果肉近黄色，每千克80粒左右，果皮赤褐色有光泽，涩皮易剥，肉质脆，味香甜，品质上等。9月中下旬成熟。稳产，抗病虫，耐贮藏。

确山八月炸：树势中等。总苞大呈椭圆形，针刺密，每总苞内平均含坚果 2.5 粒，每千克 110 粒左右，果椭圆形，果皮紫红色，果肉淡黄，质脆，品质上等。9 月中旬成熟。

10. 湖北主要栽培品种

秭归大板栗：树势强健。总苞有深、浅刺两个品系。深刺大板栗总苞刺长，浅刺大板栗总苞刺短。坚果长椭圆形，果皮深褐色有光泽，茸毛少，每千克 35 粒左右，味甜，品质上。9 月中旬成熟。

11. 贵州主要栽培品种

玉屏大板栗：贵州的大板栗有早、晚两种。9 月中旬成熟为早熟品种，每千克 40 粒；10 月上旬成熟为晚熟品种，每千克 40 粒左右，均品质优良。需嫁接繁殖，结果早而且年限长，稳产，高产，为当地主栽品种。

五、板栗树有关记录标准说明

1. 干高

从地面至第一主枝下缘的距离。

2. 干周

量干高的 1/2 处周长。

3. 新梢

在树干四周随机选测 20 个顶梢长度的平均值，并在顶梢基部 2 厘米处，用卡尺量周长（基部向上第五个节间），求平均值。

4. 节间长度

将上述 20 个新梢，各数其新梢部位的节数，以新梢总长除以总节数，即为节间长。

5. 萌芽率

生长后调查，随机取 20 个枝，数其正常芽位数和萌芽数，计算出萌芽率。

6. 统计枝类比

统计 40 个母枝，计算出母枝上抽生的有效枝与无效枝之比。

7. 空蓬率

随机将栗蓬打落后，混合取栗蓬 100 个，调查空蓬数，计算空蓬率。

8. 出实率

在栗蓬开裂期，随机取树上未脱出坚果的果苞5千克，将坚果脱出后称重，计算出实率。

9. 果枝率

取树干母枝40个，统计其果枝数，求其结果枝占总发枝数（指母枝顶端壮枝）的比率。

10. 树势

在同等条件下比较枝条粗度、长度及叶片的大小厚薄、色泽等。分强、中、弱。

11. 树姿

分枝角度在60°以上为开张形，在45°~60°为半开张形，小于45°为直立形。

12. 发育枝及结果枝

发育枝长度在40厘米以下，不着生雄花序或雌花序。结果枝长度在40~70厘米，着生雌花序或雄花序，称棒槌码。长果枝长度在20厘米以上，中果枝在15~20厘米，短果枝在15厘米以下。抽生结果枝的枝条叫结果母枝。徒长枝一般长度在40厘米以上，长在树膛内部称"娃枝"。雄花枝仅着生雄花序而不能结果，抽生雄花枝的枝条叫雄花母枝。

13. 芽

大芽以着生在果枝先端的芽为标准（圆形或钝三角形且饱满），大小与顶端芽相同者为大芽。小芽呈三角形，着生在枝条基部。

14. 球苞（栗苞）规格

取样时应选择已转色、马上开裂或初开裂的球苞20个为材料。①大小标准：鲜果重在100克以上者为大型，鲜果重在50~100克者为中型，鲜果重在50克以下者为小型。②球苞（蓬壳）厚度：以球苞基部球肉最厚处为标准。特厚：0.5厘米以上。厚：0.2~0.5厘米。薄：0.2厘米以下。③刺长度：长刺1.5厘米以上，短刺1.5厘米以下。④刺疏密度：疏即能透视球肉，密即不能透视球肉。⑤硬软标准：硬刺，用手指曲之易断；软刺，用手指曲之不易断。

15. 坚果（栗果）大小

特大果：鲜果重 25 克以上。大果：鲜果重 15~25 克。中果：鲜果重为 10~15 克。小果：鲜果重在 10 克以下。

16. 物候期

萌芽期：大芽鳞片开裂露缘在 5%。展叶期：幼叶展开占 5%。新梢生长期：叶簇第一片幼叶展开，露出节间，标志开始生长，每隔 3~5 天定期记录。开花期：雌花开花期，以柱头开始分裂为标准，开花期分 3 个时期，柱头分裂初期（15°），柱头分裂中期（30°），柱头分裂后期（45°）。初花期，穗状花序直立，小花开放数为 5%；盛花期，小花开放数达 75%；末花期，花药开始变黄褐色。果实成熟期：栗苞开裂达 25%。落叶期：落叶达 50%（以全树为标准）。

17. 板栗产量指标

板栗产量指标表见附表 2。

附表 2 板栗产量指标表（供参考）

类型	树龄	产量
嫁接树	3 年以内	25 千克/亩
	4~6 年	90 千克/亩
	7~10 年	170 千克/亩
改接树	2 年以下	—
	3~5 年	100 千克/亩
	6~10 年	150 千克/亩
	11 年以上	200 千克/亩
实生树	8 年	15 千克/亩

18. 板栗优树登记

板栗优树登记见附表 3。

附表 3　板栗优树登记表

1	优树地点：　　　乡　　村　　组
2	地形：山地　丘陵　平原　沙滩
3	立地条件：海拔　　米，坡向　　，坡位　　，坡度
4	树龄：　　年，树高　　米。冠幅：东西　　米，南北　　米
5	单株产量：　　千克，历年平均产量　　千克，树冠投影面积　　米^2
6	成熟期：　　月　　日
7	坚果特征：形状　　色泽　　毛茸　　品质　　单粒重
8	优选人：